Friedrich Wilhelm Winter

Die neuen Einheiten im Meßwesen

Band 10 der Girardet-Taschenbücher
Herausgegeben von Privatdozent Dr.-Ing. Klaus Brankamp

Professor Dr. phil. Dipl.-Ing. Friedrich Wilhelm Winter
Hochschullehrer für Thermodynamik und Versuchstechnik (mechanische und wärmetechnische Größen) an der Bergischen Universität Wuppertal, Mitglied im AEF (Ausschuß für Einheiten und Formelgrößen) im DIN (Deutsches Institut für Normung e.V., Berlin),

Friedrich Wilhelm Winter

Die neuen Einheiten im Meßwesen

Praxisnahe Darstellung mit Gleichungen, Diagrammen und Rechenbeispielen aus Technik und Naturwissenschaft

3., erweiterte und neubearbeitete Auflage

VERLAG W. GIRARDET · ESSEN

1. Auflage 1973
2. Auflage 1974
3. Auflage 1978

CIP-Kurztitelaufnahme der Deutschen Bibliothek

Winter, Friedrich Wilhelm:
Die neuen Einheiten im Meßwesen: praxisnahe Darst. mit Gleichungen, Diagrammen u. Rechenbeispielen aus Technik u. Naturwiss. – 3., erw. u. neubearb. Aufl. – Essen: Girardet, 1978.
(Girardet-Taschenbücher; Bd. 10)
ISBN 3-7736-0202-2

ISBN 3-7736-0202-2   Bestellnummer 0202
Alle Rechte vorbehalten, auch die des auszugsweisen Nachdrucks, der fotomechanischen Wiedergabe und der Übersetzung
Druck W. Girardet, Essen   ·   Printed in Germany   ·   1978

Inhalt

7	**Vorwort**
9	**0 Einführung**
9	0.1 Ausgewählte allgemeine Formelzeichen nach DIN 1304
11	0.2 Indizes, eine Auswahl nach DIN 1304
12	0.3 Buchstaben (Auswahl)
12	0.3.1 in Dimensionsgleichungen
12	0.3.2 zur Bezeichnung von Einheitensystemen
13	0.4 Mathematische Zeichen (Auswahl nach DIN 1302)
13	0.5 Große und kleine Buchstaben für Formelzeichen
13	0.6 Vorsätze
13	0.7 Bruchstrich
13	0.8 Formelsatz
13	0.9 Abkürzungen
14	**1 Aus der Geschichte der Einheitensysteme**
26	**2 Gesetz und Ausführungsverordnung über Einheiten im Meßwesen**
26	2.1 Die Arbeit des Gesetzgebers
27	2.2 Gesetz (G) und Ausführungsverordnung (AV), Gliederung
27	2.3 Die gesetzlichen Einheiten
28	2.4 Die Europäischen Gemeinschaften (EG)
30	**3 DIN 1301 Einheiten; Einheitennamen, Einheitenzeichen**
30	3.1 Geltungsbereich der Norm DIN 1301
30	3.2 Inhalt der Norm DIN 1301
30	3.3 Einheitenliste (Tabellen)
31	**4 Einige sehr praktische Fragen**
31	4.1 Größen, Zahlenwerte, Einheiten
32	4.2 Graphische Darstellungen in Koordinatensystemen
35	4.3 Gleichungen
35	4.3.1 Größengleichungen
36	4.3.2 Zahlenwertgleichungen
38	4.3.3 Einheitengleichungen
38	4.4 Vorsätze
43	**5 A...Z; Größen, Einheiten und Zusammenhänge, alphabetisch geordnet**

6 Tabellen

- 6.1 Übergangsvorschriften (befristet zugelassene Einheiten), AV § 51 ... AV § 53 — 126
- 6.2 Umrechnungstabelle: ebener Winkel — 127
- 6.3 Umrechnungstabelle: Druckeinheiten — 128
- 6.4 Umrechnungstabelle: Einheiten für Flüssigkeitssäulen (Druckhöhen) — 129
- 6.5 Umrechnungstabelle: mechanische Spannung (Festigkeit) — 129
- 6.6 Umrechnungstabelle: Energie, Arbeit, Wärmemenge — 130
- 6.7 Umrechnungstabelle: Leistung, Energiestrom, Wärmestrom — 130
- 6.8 Lichttechnische Einheiten, Umrechnungstabellen — 131
- 6.9 Ausgewählte britische und US-Einheiten — 132

7 Ausgewählte Rechenbeispiele und graphische Darstellungen

- 7.1 Längenänderung, Dehnung, reziproke Länge — 133
- 7.2 Winkel — 134
- 7.3 Masse — 135
- 7.4 Zeit — 136
- 7.5 Kraft, Moment einer Kraft (Drehmoment, Biegemoment), Druck, mechanische Spannung — 138

8 Anhang (Gesetze, Verordnungen, Richtlinien)

- 8.1 Das Gesetz über Einheiten im Meßwesen vom 2. Juli 1969 — 142
- 8.2 Ausführungsverordnung zum Gesetz über Einheiten im Meßwesen vom 26. Juni 1970 — 145
- 8.3 Richtlinie des Rates der Europäischen Gemeinschaften vom 18. Oktober 1971 zur Angleichung der Rechtsvorschriften der Mitgliedsstaaten über die Einheiten im Meßwesen (Titelseite), 71/354/EWG — 154
- 8.4 Gesetz zur Änderung des Gesetzes über Einheiten im Meßwesen vom 6. Juli 1973 — 156
- 8.5 Verordnung zur Änderung der Ausführungsverordnung zum Gesetz über Einheiten im Meßwesen vom 27. November 1973 — 161
- 8.6 Richtlinie des Rates der Europäischen Gemeinschaften vom 27. Juli 1976 zur Änderung der Richtlinie 71/354/EWG (Titelseite), 76/770/EWG — 163
- 8.7 Zweite Verordnung zur Änderung der Ausführungsverordnung zum Gesetz über Einheiten im Meßwesen vom 12. Dezember 1977

9 Schrifttum — 167

Stichwortverzeichnis — 169

Vorwort zur 3. Auflage

Seit dem Jahre 1970 sind durch das Gesetz über Einheiten im Meßwesen und die zugehörige Ausführungsverordnung diejenigen Einheiten festgelegt, die künftig (nach fast achtjähriger Übergangszeit) im geschäftlichen und amtlichen Verkehr benutzt werden müssen. Es sind dies die sieben Basiseinheiten des Internationalen Einheitensystems (SI), das Meter – das Kilogramm – die Sekunde – das Ampere – das Kelvin – das Mol – die Candela, sowie deren dezimale Teile und Vielfache und einige sonstige Einheiten.

Der Einführung der SI-Einheiten kommt eine ähnliche Bedeutung zu wie der im Jahre 1875 unterzeichneten Meterkonvention, mit der die Grundlagen für ein weltweit einheitliches Meßwesen geschaffen wurden. Die internationale Einführung des neuen Einheitensystems ist ein wichtiger Gesichtspunkt, zumal die wirtschaftliche und technologische Verflechtung der Länder untereinander ständig zunimmt. Auch die bessere Vergleichbarkeit verschiedener Fachgebiete ist ein weiterer Vorteil. Mechanische Leistungen (z.b. bei Verbrennungsmotoren), elektrische Leistungen (z.b. bei Generatoren) und thermische Leistungen (z.b. bei Heizgeräten) werden alle in der Einheit Watt (oder dezimale Teile bzw. Vielfache davon) angegeben.

Rechtzeitig am Ende der Übergangszeit hat DIN (Deutsches Institut für Normung e.V.) wichtige grundlegende Normen als Weißdrucke neu herausgebracht. Es sind u.a.

> DIN 1301 Einheiten (Teil 1: Einheitennamen, Einheitszeichen; Teil 2: Allgemein angewendete Teile und Vielfache), Februar 1978
> DIN 1304 Allgemeine Formelzeichen, Februar 1978
> DIN 1313 Physikalische Größen und Gleichungen (Begriffe, Schreibweisen), April 1978

Diese neu formulierten Normen bieten in Verbindung mit DIN 461 (Graphische Darstellung in Koordinatensystemen) und DIN 1338 (Formelschreibweise und Formelsatz) in Praxis und Lehre die Möglichkeit, die vorkommenden Aufgaben (z.b. Diagramme und Rechenvorgänge in Verbindung mit Gleichungen) sinnvoll und normgerecht zu entwickeln.

Verfasser und Verlag haben den Wunsch, daß die gewählte Darstellungsart dem Leser und Lernenden das Einarbeiten in das Internationale Einheitensystem (7 Basiseinheiten) und die übrigen gesetzlichen Einheiten erleichtert. Es ist zu erwarten, daß noch in diesem Jahrhundert das SI als Grundlage im Meßwesen in aller Welt üblich sein wird.

Wuppertal, im Mai 1978 *F. W. Winter*

Vorwort zur 1. Auflage

Das vorliegende Buch, Ergebnis der jahrelangen intensiven Beschäftigung des Verfassers mit dem Thema „Einheiten", ist ein für einen größeren Benutzerkreis bestimmtes Kompendium. Die Fülle und übersichtliche Anordnung des Stoffes, das ausführliche Stichwortregister, die zahlreichen Gleichungen, graphischen Darstellungen und Rechenbeispiele machen das Werk für alle Ingenieure, insbesondere für Ingenieure und Techniker in Industrie und Verwaltung, für Naturwissenschaftler und Studenten zu einem wertvollen Arbeitsmittel. Die genannten Fundstellen regen zur eigenen Weiterarbeit an und ermöglichen ein tieferes Eindringen in die Materie. Da es kaum sinnvoll ist, sich nur mit „Einheiten" zu beschäftigen, wurde besonderer Wert darauf gelegt, alle interessanten Querverbindungen zu Größen, Gleichungen, graphischen Darstellungen, Umrechnungstabellen und Rechenbeispielen sichtbar zu machen.

Hinsichtlich der Präsentation einer sogenannten „Einheitenphilosophie" hat sich der Verfasser Zurückhaltung auferlegt, da diese Fragen zur Zeit neu überdacht werden. Auf gültige Normen wie DIN 1313 und DIN 5494 sei jedoch verwiesen.

Das „Internationale Einheitensystem" ersetzt die seit Generationen benutzten verschiedensten Maßsysteme. Die endgültige Umstellung auf die neuen Einheiten wird aber wohl erst gelungen sein, wenn in diesen neuen Einheiten gedacht, konstruiert, produziert und verkauft wird. Verfasser und Verlag wollen zu dieser Entwicklung beitragen und nehmen gern Anregungen und Vorschläge aus dem Leserkreis entgegen.

Wuppertal, im August 1973 *F. W. Winter*

Vorwort zur 2. Auflage

Neu aufgenommen wurde die Übersicht über britische und US-Einheiten (S. 118). Im übrigen ist das bewährte Buch bis auf wenige Verbesserungen und Druckfehlerberichtigungen unverändert geblieben.

Wuppertal, im August 1974 *F. W. Winter*

0 Einführung

0.1 Ausgewählte allgemeine Formelzeichen nach DIN 1304

Formelzeichen	Bedeutung	SI-Einheit (DIN 1301, DIN 1304)	Bemerkung	Nr. in DIN 1304
A, S	Fläche, Flächeninhalt, Oberfläche	m^2		1.14
A_r	relative Atommasse	$1\;^1)$	DIN 1345	6.1
a	Beschleunigung	m/s^2		2.25
C	Wärmekapazität	J/K	DIN 1345	5.17
c	spezifische Wärmekapazität	$J/(kg \cdot K)$	$c = C/m$	5.18
c_p	spezifische Wärmekapazität bei konstantem Druck	$J/(kg \cdot K)$	DIN 1345	5.19
c_v	spezifische Wärmekapazität bei konstantem Volumen	$J/(kg \cdot K)$	DIN 1345	5.20
c	Ausbreitungsgeschwindigkeit einer Welle	m/s	c_0 (im leeren Raum)	2.24
E	Elastizitätsmodul	N/m^2	$E = \sigma/\varepsilon$	3.28
E, W	Energie	J	DIN 1304, DIN 1345	3.40
F	Kraft	N		3.10
f, v	Frequenz, Periodenfrequenz	$Hz\;^2)$	$f = 1/T$	2.4
G	Schubmodul	N/m^2	$G = \tau/\gamma$	3.29
G	allgemeines Formelzeichen für eine beliebige physikalische Größe		DIN 1313	
$\{G\}$	Zahlenwert einer beliebigen Größe		DIN 1313	
$[G]$	Einheit einer beliebigen Größe		DIN 1313	
G, F_G	Gewichtskraft	N	DIN 1305	3.11
g	örtliche Fallbeschleunigung	m/s^2		2.26
H	Enthalpie	J	DIN 1345	5.25
h	spezifische Enthalpie	J/kg	DIN 1345	5.26
I	Flächenmoment 2. Grades	m^4	DIN 5497, früher Flächenträgheitsmoment	3.38
I	elektrische Stromstärke	A		4.17
J	Trägheitsmoment, Massenmoment 2. Grades	$kg \cdot m^2$	DIN 5497, früher Massenträgheitsmoment	3.9
k	Wärmedurchgangskoeffizient	$W/(m^2 \cdot K)$	DIN 1345	5.15
l	Länge	m		1.5
M	Drehmoment	$N \cdot m$	DIN 5497	3.13
M_r	relative Molekülmasse	$1\;^1)$	DIN 1345	6.2
m	Masse, Gewicht als Wägeergebnis	kg	DIN 1305	3.1
m'	längenbezogene Masse, Massenbelag, Massenbehang	kg/m	$m' = m/l$	3.2
n	Drehzahl, Umdrehungsfrequenz	s^{-1}	Kehrwert der Umdrehungsdauer	2.14
$\dot{m}, q, q_m$	Massenstrom, Massendurchsatz	kg/s	DIN 5492	3.7

9

Formel-zeichen	Bedeutung	SI-Einheit (DIN 1301, DIN 1304)	Bemerkung	Nr. in DIN 1304
P	Leistung	W	DIN 40110	3.45
p	Druck	$Pa = N/m^2$	DIN 1314	3.18
p_{abs}	absoluter Druck	$Pa = N/m^2$	DIN 1314	3.19
p_{amb}	umgebender Atmosphärendruck	$Pa = N/m^2$	DIN 1314	3.20
p_e	Überdruck	$Pa = N/m^2$	$p_e = p_{abs} - p_{amb}$, DIN 1314	3.21
Q	Wärme, Wärmemenge	J	DIN 1345	5.7
R_i	spezifische oder individuelle Gaskonstante des Stoffes i	$J/(kg \cdot K)$	DIN 1345	5.35
R, R_0	universelle Gaskonstante	$J/(mol \cdot K)$	DIN 1345	6.39
s	Weglänge, Kurvenlänge	m		1.12
T	Periodendauer, Schwingungsdauer	s		2.2
t	Zeit, Zeitspanne, Dauer	s		2.1
T, Θ	Temperatur, thermodynamische Temperatur	K		5.1
t, ϑ	Celsius-Temperatur	°C	$t = T - T_0$; $T_0 = 273{,}15$ K	5.3
$\Delta T, \Delta t, \Delta \vartheta$	Temperaturdifferenz	K		5.2
U	elektrische Spannung, elektrische Potentialdifferenz	V	DIN 1323	4.10
V, τ	Volumen, Rauminhalt	m^3		1.16
v, u	Geschwindigkeit	m/s	DIN 5497	2.23
v	spezifisches Volumen	m^3/kg	$v = m/V$, DIN 1306	3.6
W, A	Arbeit	J		3.39
α, β, γ	ebener Winkel	rad [3])		1.1
α, α_1	(thermischer) Längenausdehnungskoeffizient	K^{-1}		5.4
α_v, γ	(thermischer) Volumenausdehnungskoeffizient	K^{-1}	DIN 1345	5.5
α	Winkelbeschleunigung	rad/s^2		2.16
ε	Dehnung, relative Längenänderung	1 [1])	$\varepsilon = l/l_0$	3.24
η	dynamische Viskosität	$Pa \cdot s$	DIN 1342	3.33
η	Wirkungsgrad	1 [1])	Leistungsverhältnis	3.47
ν	kinematische Viskosität	m^2/s	$\nu = \eta/\varrho$, DIN 1342	3.34
ϱ, ϱ_m	Dichte, volumenbezogene Masse	kg/m^3	$\varrho = m/V$, DIN 1306	3.4
Ω, ω	Raumwinkel	sr [4])		1.3
ω, Ω	Winkelgeschwindigkeit	rad/s		2.15
ω	Kreisfrequenz, Winkelfrequenz	s^{-1}	$\omega = 2\pi f$	2.7

[1]) 1 steht für das Verhältnis zweier gleicher SI-Einheiten.

[2]) Hertz (Einheitenzeichen: Hz) ist der besondere Name für die SI-Einheit reziproke Sekunde bei der Angabe von Frequenzen und Becquerel (Einheitenzeichen: Bq) der besondere Name für die SI-Einheit reziproke Sekunde bei der Angabe der Aktivität radioaktiver Substanzen.

[3]) Radiant (Einheitenzeichen: rad) ist der besondere Name für die SI-Einheit Meter durch Meter bei der Angabe von ebenen Winkeln. Diese Einheit kann durch 1 ersetzt werden.

[4]) Steradiant (Einheitenzeichen: sr) ist der besondere Name für die SI-Einheit Quadratmeter durch Quadratmeter bei der Angabe von Raumwinkeln. Diese Einheit kann — außer bei der Lichttechnik — durch 1 ersetzt werden.

0.2 Indizes, eine Auswahl nach DIN 1304

Index	Bedeutung	Nr. in DIN 1304	Beispiele	
0	Null	11.1	φ_0	Nullphasenwinkel
1	Anfangszustand	11.2	ϑ_1	Anfangstemperatur
2	Endzustand	11.3	ϑ_2	Endtemperatur
abs	absolut	11.6	p_{abs}	absoluter Druck
amb	umgebend, ambient	11.6	p_{amb}	Umgebungsdruck
b	Biegung	11.8	M_b	Biegemoment
dyn	dynamisch	11.10	p_{dyn}	dynamischer Druck
e	überschreitend (excedens)	11.11	p_e	Überdruck
g	Gravitation	11.14	F_g	Gravitationskraft
G	Gewicht	11.15	F_G	Gewichtskraft
id	ideell	11.18	id	ideeller Luftspalt
lim	Grenzwert (limes)	11.21	ϑ_{lim}	Grenztemperatur
m	stoffmengenbezogen, molar	11.23	V_m	stoffmengenbezogenes (molares) Volumen
n	Normwert	11.24	g_n	Normfallbeschleunigung
N	normal ($\perp$)	11.25	F_N	Normalkraft
o	offen, Leerlauf	11.26	Z_o	Leerlaufimpedanz
p	konstanter Druck, isobar	11.27	c_p	spezifische Wärmekapazität bei konstantem Druck
pot	potentiell	11.27	E_{pot}	potentielle Energie
rad	radial	11.29	F_{rad}	Radialkraft
red	reduziert	11.29	p_{red}	reduzierter Luftdruck
R	Reibung	11.30	F_R	Reibungskraft
stat	stationär, statisch	11.31	t_{stat}	Endtemperatur, stationäre Temperatur
syn	synchron	11.31	n_{syn}	synchrone Drehzahl
th	Wärme, thermisch	11.32	R_{th}	Wärmewiderstand
T	tangential	11.33	F_T	Tangentialkraft
V	konstantes Volumen, isochor	11.35	c_V	spezifische Wärmekapazität bei konstantem Volumen
w	Wasser, feucht	11.36	t_w	Temperatur des feuchten Thermometers
zul	zulässig	11.40	v_{zul}	zulässige Geschwindigkeit

Regeln für Indizes (siehe auch DIN 1338, Abschnitt 8)

Indizes (im Schriftgrad kleinere, tiefgestellte Zeichen) dienen vor allem der Unterscheidung von Größen, die dasselbe Formelzeichen haben. Liegen also nicht mehrere solcher Größen vor, so ist es im allgemeinen unnötig, einen Index zu verwenden.

Senkrechte und kursive Indizes

Regel:
Indizes können in vielen Fällen einheitlich senkrecht gesetzt werden. Wenn die als Index verwendeten Zeichen ihrer Bedeutung nach gekennzeichnet werden sollen, können sie in senkrechter oder kursiver Schrift entsprechend den Empfehlungen nach DIN 1338 (Tabelle 1) gesetzt werden.

Beispiele für senkrechte und kursive Indizes:

Senkrechte Indizes
(Abkürzungen von Stoffnamen, Eigenschaften und dgl.):

α_n	Normal-Eingriffswinkel	V_{HCl}	Volumen der Salzsäure
σ_Z	Zugspannung	p_k	kritischer Druck
σ_{zul}	zulässige Spannung	v_{max}	maximale Geschwindigkeit

Kursive Indizes:

k_n	mit $n = 1, 2, 3, \ldots$	σ_z	Zug- oder Druckspannung in der z-Richtung

Stellung der Indizes

Indizes beziehen sich nur auf das Formelzeichen, an das sie angesetzt sind. Sind mehrere Indizes vorhanden, so gilt:

Regel:
Mehrere Indizes, die sich auf dasselbe Formelzeichen beziehen, stehen auf derselben Schriftlinie. Sie werden, wenn Unklarheiten entstehen können, durch Komma, durch einen Zwischenraum oder durch Klammern voneinander getrennt.

Beispiele:

$(p_b)_{ad}$	Druck p im Behälter bei adiabatem Zustandsverlauf
$(\sigma_Z)_z = (\sigma_Z)_{max}$	Die Zugspannung σ_Z hat in der z-Richtung ihr Maximum
$(V_m)_n$	stoffmengenbezogenes (molares) Volumen im Normzustand
oder: $V_{m,n}$; $V_{m\,n}$	

0.3 Buchstaben (Auswahl)

0.3.1 in Dimensionsgleichungen
    L   Länge   M   Masse
    T   Zeit (tempus)
    F   Kraft (force)
    P   Leistung (power) usw.
z. B. LMT-System
(Länge-Masse-Zeit-Dimensionssystem)
LFT-System
(Länge-Kraft-Zeit-Dimensionssystem)
Ursprung der Buchstaben:
Anfangsbuchstaben des erklärenden Wortes; Ursprung des Wortes:
deutsch, lateinisch, englisch u. a.

0.3.2 zur Bezeichnung von
    Einheitensystemen
    M (von Meter)   A (von Ampere)
    K (von Kilogramm)   K (von Kelvin)
    S (von Sekunde)   C (von Candela)
z. B. MKS-System
    MKSA-System
    MKSAKC-System
ft (von foot)
lb (von pound)
s (von second)
z. B. ft-lb-s-System (ist ein LMT-Dimensionssystem)

0.4 Mathematische Zeichen (Auswahl nach DIN 1302)

= gleich; $\neq$ nicht gleich, ungleich; $\sim$ proportional; $\approx$ angenähert gleich, nahezu gleich (rund, etwa); $\hat{=}$ entspricht; < kleiner als; > größer als; · oder × mal (das Multiplikationszeichen wird beim Rechnen mit Buchstaben oft weggelassen); % Prozent, vom Hundert ($1\% = 10^{-2} = 0,01$); $^0/_{00}$ Promille, vom Tausend ($1^0/_{00} = 10^{-3} = 0,001$); $|z|$ = Betrag von z; Σ Summe; Δ Differenz; $f(x)$ Funktion der Veränderlichen x; d Differentialzeichen; $\int$ Integral; $\int f(x)\,dx$ unbestimmtes Integral; log allgemeiner Logarithmus; lg Zehnerlogarithmus (gewöhnlicher oder BRIGG-Logarithmus); ln natürlicher Logarithmus; e = 2,718 28 Basis der natürlichen Logarithmen; sin (Sinus), cos (Cosinus), tan (Tangens), cot (Cotangens) trigonom. Funktionen.

0.5 Große und kleine Buchstaben für Formelzeichen

Einige bezogene Größen werden, wenn die Bezugsgröße z. B. die Masse ist, spezifische Größen genannt (DIN 5490). DIN 1345 nennt Beispiele aus der Technischen Thermodynamik:
V (Volumen), v (spezifisches Volumen); S (Entropie), s (spezifische Entropie); U (innere Energie), u (spezifische innere Energie); F (freie Energie), f (spezifische freie Energie); H (Enthalpie), h (spezifische Enthalpie); G (freie Enthalpie), g (spezifische freie Enthalpie); C (Wärmekapazität), c (spezifische Wärmekapazität).

0.6 Vorsätze

Durch Vorsetzen von bestimmten (genormten) Vorsilben (Vorsätze genannt) vor den Namen der Einheit können dezimale Vielfache und Teile von Einheiten in einer mathematisch kürzeren Form bezeichnet werden.

Beispiel:
12 000 N = 12 · 10^3 N = 12 kN (Aussprache: 12 Kilonewton)

0.7 Bruchstrich

$$\frac{a\,b}{c\,d} = a\,b\,/\,c\,d = a\,b\,/\,(c\,d) = a\,b\,c^{-1}\,d^{-1}$$
(1) (2) (3) (4)

zu (1): horizontaler Bruchstrich. Klare Ausdrucksweise, aber drucktechnisch aufwendig.

zu (2): schräger Bruchstrich. Drucktechnisch wenig aufwendig, vor allem interessant für zusammengesetzte Ausdrücke (Hauptbruchstrich horizontal, Nebenbruchstriche im Zähler und Nenner als schräge Bruchstriche). Nenner doppeldeutig.

zu (3): schräger Bruchstrich, Faktoren des Nenners durch Einklammern eindeutig zugeordnet.

zu (4): bruchstrichfreie Darstellung, die Faktoren des Nenners sind durch negative Exponenten zusammen mit den Faktoren des Zählers in einer Faktorenkette zu finden.

0.8 Formelsatz (siehe DIN 1338: Formelschreibweise und Formelsatz)

0.9 Abkürzungen

Abkürzungen im laufenden Text (Fundstellen):
G (Gesetz über Einheiten im Meßwesen), AV (Ausführungsverordnung usw.), ST (STRECKER, Kommentar), EG (Europäische Gemeinschaften), ISO (International Organization for Standardization).

1 Aus der Geschichte der Einheitensysteme

Maß und Gewicht

Wenn hier in einer kurzen Zusammenstellung über ausgewählte Ereignisse aus der Geschichte der Einheitensysteme der letzten hundert Jahre berichtet wird, so bedeutet dies nicht, daß sich Menschengruppen nicht schon vorher um Vereinheitlichung bemüht hätten. Maße und Gewichte waren bereits in der frühen Geschichte Gegenstand von Ordnungsregeln, und häufig wurden diese durch harte Strafsanktionen gesichert.

Meterkonvention

Ursprünglich hatten im öffentlichen Leben nur die Einheiten für Länge, Fläche, Volumen und Gewicht Bedeutung. Entsprechend formuliert war auch der Text der *Meterkonvention* von 1875, jedoch ausdrücklich mit der Zielvorstellung, die metrischen Einheiten auf internationaler Ebene einzuführen und zu vervollkommnen. Entsprechend den Fortschritten in Wissenschaft und Technik wurden auch die Aufgaben und Zuständigkeiten der Organe der Meterkonvention ständig erweitert.

Metrische Einheiten

Die in der Neuzeit entstandenen metrischen Einheiten konnten sich nur langsam in der Welt durchsetzen, zumal das überall entstandene nationale Recht einer Vereinheitlichung zunächst im Wege stand. Heute nun ist die Entwicklung der physikalisch-technischen Einheiten durch internationale Vereinbarungen zu einem gewissen Abschluß gekommen. Die 10. Generalkonferenz für Maß und Gewicht nahm im Jahre 1954 die sechs Basiseinheiten des Internationalen Einheitensystems an.

Internationales Einheitensystem

Das *Internationale Einheitensystem (Système International d'Unités)*, aufgebaut auf den Basiseinheiten Meter, Kilogramm, Sekunde, Ampere, Grad Kelvin und Candela, wurde sodann von den zuständigen internationalen Fachorganisationen für die praktische Anwendung in Industrie, Wirtschaft, Forschung und Lehre empfohlen und auch der Normungsarbeit zugrunde gelegt. Der jahrzehntelange Streit um die Einheitennamen (und Einheitenzeichen) für die Größen Masse und Kraft (Gewicht) wurde dahingehend entschieden, daß der Einheitenname Kilogramm (Einheitenzeichen: kg) nur noch der Masse vorbehalten ist. Als abgeleitete SI-Einheit erhielt die Einheit der Kraft im Internationalen Einheitensystem den besonderen Namen Newton (Einheitenzeichen: N).

Harmonisierung in den EG	Inzwischen haben die Mitgliedstaaten der Europäischen Gemeinschaften ihre Rechts- und Verwaltungsvorschriften über die Einheiten im Meßwesen auf der Grundlage des Internationalen Einheitensystems harmonisiert, ein Schritt, der auch für andere Länder der Welt beispielhaft sein wird.
1875	Unterzeichnung der *Meterkonvention* durch 17 Staaten am 20. Mai 1875 in Paris. Ausführendes Organ der Meterkonvention ist die Generalkonferenz für Maß und Gewicht *(Conférence Générale des Poids et Mesures*, Abkürzung: C.G.P.M.) als Vollversammlung der bevollmächtigten Vertreter der Signatarstaaten. Deutschland wird durch den jeweiligen Präsidenten der PTB (Physikalisch-Technische Bundesanstalt) vertreten. Beschlüsse der Generalkonferenz für Maß und Gewicht stellen Empfehlungen für die Gesetzgebung der Signatarstaaten dar. Die auf internationaler Ebene erarbeiteten Beschlüsse erlangen aber nur dann eine praktische Bedeutung, wenn sie auch in die Gesetzgebung der Signatarstaaten eingehen.
1881	Das CGS-System (cm-g-s-System) wird durch den Elektrikerkongreß in Paris international festgelegt. Das CGS-System ist ein mechanisches Dreiersystem mit den Grundgrößen Länge, Masse und Zeit.

Tabelle: CGS-System, Grundgrößen und Grundeinheiten

Größe	Einheit	
	Name	Zeichen
Länge	Zentimeter	cm
Masse	Gramm	g
Zeit	Sekunde	s

Zu dem CGS-Einheitensystem gehören die folgenden kohärent abgeleiteten Einheiten mit besonderem Namen:

Einheit		Größe
Name	Zeichen	
Gal	Gal	Beschleunigung
Dyn	dyn	Kraft
Erg	erg	Arbeit, Energie
Poise	P	dynamische Viskosität
Stokes	St	kinematische Viskosität

1889	1. Generalkonferenz für Maß und Gewicht. Die Konferenz genehmigte die Prototypen für das Meter und das Kilogramm und verteilte Kopien an die Mitgliedstaaten der Meterkonvention.

1901 3. Generalkonferenz für Maß und Gewicht. Bestätigung des Kilogramm als Einheit der Masse. Festlegung der Normfallbeschleunigung ($g_n = 9{,}806\,65$ m/s²). Auf diese Weise wurde die technische Krafteinheit an die Masseneinheit Kilogramm angeschlossen. Ein besonderer Name wurde aber der technischen Krafteinheit leider nicht gegeben, so daß eine lang andauernde Unterscheidung zwischen Masse-Kilogramm und Kraft-Kilogramm notwendig wurde. Als Ausweg aus mancherlei Verwirrung wurde erst sehr viel später in Deutschland für die technische Krafteinheit der Name Kilopond eingeführt.

1901 GIORGI führt in das Vierersystem Länge-Masse-Zeit-elektrischer Widerstand die Grundeinheiten Meter, Kilogramm, Sekunde und int. Ohm ein. Auf diese Weise wurde zwischen den mechanischen und den elektrischen Einheiten Volt, Ampere, Henry, Farad und Coulomb Kohärenz erreicht.

Tabelle: MKS Ω-System, Grundgrößen und Grundeinheiten

Größe	Einheit	
	Name	Zeichen
Länge	Meter	m
Masse	Kilogramm	kg
Zeit	Sekunde	s
elektrischer Widerstand	int. Ohm	Ω_{int}

1901...1948 In den rund 50 Jahren dieser Epoche entstehen zahlreiche Einheitensysteme, die mit unterschiedlicher Bedeutung, z. T. auch nebeneinander, benutzt werden. Die Unterschiede dieser vielen Einheitensysteme sind allgemein kaum verständlich und nur wenigen Spezialisten zugänglich. Trotz vieler Ansätze zur Internationalisierung der Einheiten im Meßwesen wurden die Arbeiten durch die beiden Weltkriege und deren Folgeerscheinungen erheblich beeinträchtigt.

Es entstanden beispielsweise:
a) Einheitensysteme der Akustik,
b) ,, des Elektromagnetismus,
c) ,, der Mechanik,
d) ,, der Photometrie,
e) ,, für die Wärme- und Strahlungslehre,
f) ,, mit besonderer Bezeichnung
(z. B. absolutes E., praktisches E., internationales E., physikalisches E., technisches E., natürliches E., atomares oder quantenmechanisches E., gesetzliches E. u. a.).

Im folgenden wird über Einheitensysteme berichtet, die im genannten Zeitraum und auch über diesen hinaus eine besondere Bedeutung erlangten [7].

zu c) Einheitensysteme der Mechanik

1. Physikalische Einheitensysteme der Mechanik

   I) CGS-System oder cm-g-s-System (Zentimeter-Gramm-Sekunde-System).

MKS-System
   II) MKS-System oder m-kg-s-System (Meter-Kilogramm-Sekunde-System).

Das MKS-System ist ein mechanisches Dreiersystem mit den Grundgrößen Länge, Masse und Zeit; die Kraft ist eine abgeleitete Größe.

Tabelle: MKS-System, Grundgrößen und Grundeinheiten

Größe	Einheit	
	Name	Zeichen
Länge	Meter	m
Masse	Kilogramm	kg
Zeit	Sekunde	s

Länge
Masse
Zeit

MTS-System
   III) MTS-System oder m-t-s-System (Meter-Tonne-Sekunde-System), wurde in Frankreich am 2. 4. 1919 durch Gesetz eingeführt.

ft-lb-s-System
   IV) ft-lb-s-System (foot-pound-second-System), in englisch sprechenden Ländern. Die Einheiten dieses Systems passen *nicht* zu den metrischen Einheiten.

Die Einheitensysteme I) ... IV) gehören einem Dimensionssystem Länge-Masse-Zeit (LMT) an. Die Kraft ist in diesem System eine abgeleitete Größe (dim $F = \text{LMT}^{-2}$).

2. Technische Einheitensysteme der Mechanik

   V) cm-p-s-System   (Zentimeter-Pond-Sekunde-System).

m-kp-s-System
   VI) m-kp-s-System   (Meter-Kilopond-Sekunde-System).

Das m-kp-s-System ist ein mechanisches Dreiersystem mit den Grundgrößen Länge, Kraft und Zeit; die Masse ist eine abgeleitete Größe.

Tabelle: m-kp-s-System, Grundgrößen und Grundeinheiten

Größe	Einheit	
	Name	Zeichen
Länge	Meter	m
Kraft	Kilopond	kp
Zeit	Sekunde	s

Kilopond

Die Einheitensysteme V) und VI) gehören einem Dimensionssystem Länge-Kraft-Zeit (LFT) an. Die Masse ist in diesem System eine abgeleitete Größe (dim $m = L^{-1}FT^2$).

Der Einheitenname Pond (von lateinisch: pondus = Kraft) geht auf einen Vorschlag von F. HOFFMANN aus dem Jahre 1934 zurück [5].

Die Physikalisch-Technische Reichsanstalt (heute: PTB, Physikalisch-Technische Bundesanstalt) nahm diesen Vorschlag im Jahre 1939 auf und führte die Einheiten Pond (Einheitenzeichen: p) statt Kraft-Gramm, Kilopond (Einheitenzeichen: kp) statt Kraft-Kilogramm und Megapond (Einheitenzeichen: Mp) statt Kraft-Tonne im eigenen Geschäftsbereich als verbindlich ein. Aus sprachlichen Gründen fand die Krafteinheit Pond keine allgemeine Anerkennung bei den Mitgliedstaaten der Meterkonvention. Das ISO-Komitee 12 erreichte aber im Jahre 1957 auf internationaler Ebene, daß den Namen Kilogrammforce (kgf) und Kilopond (kp) für die Benennung der Krafteinheit als gleichwertig anerkannt wurde. Das Kilopond fand Eingang in die schweizerischen, schwedischen, österreichischen und deutschen Normen. In diesen Ländern wurde dadurch eine eindeutige Unterscheidung der physikalischen Größen Masse und Kraft (Gewicht) erreicht.

3. Angelsächsische Einheiten für Länge, Fläche, Volumen und Masse

Länge, u. a. Yard (Großbritannien, USA)
 1 yard $= 0{,}914\,4$ m

Fläche, u. a. square yard
 1 square yard $= (0{,}914\,4\text{ m})^2$
 $= 0{,}836\,1$ m²

Volumen, u. a. cubic yard
 1 cubic yard $= (0{,}914\,4\text{ m})^3$
 $= 0{,}764\,6$ m³

Masse, u. a. pound;
 1 pound $= 0{,}453\,592$ Kilogramm

zu e) **Einheitensysteme der Wärmelehre**
 VII) cm-g-s-°K(grd)-System,
  CGS-System, um Grad Kelvin (grd) erweitert.

m-kg-s-°K-System	VIII) m-kg-s-°K(grd)-System, MKS-System, um Grad Kelvin (grd) erweitert.
	IX) m-t-s°K-System, MTS-System, um Grad Kelvin (grd) erweitert, Frankreich.
	X) ft-lb-s-°R-System, ft-lb-s-System, um Grad Rankine erweitert; USA, Großbritannien.
	Verschiedene Autoren, z. B. [9] und [20], benutzten für die Wärmelehre ein „gemischtes Vierer" in der folgenden Form:
m-kp-s-kg-°K-System „gemischtes Vierer"	XI) m-kp-s-kg-°K-System „gemischtes Vierer", um Grad Kelvin erweitert.
	Im „gemischten Vierer" kommen die gewohnten Grundgrößen des technischen Einheitensystems (m-kp-s, siehe VI) vor, zusätzlich wird die Masse für Stoffmengen und als Bezugsgröße für alle spezifischen Größen benutzt und der Grad Kelvin erweitert im Sinne der Wärmelehre. Da in der Zustandsgleichung der Gase an Stelle der Wichte γ die Dichte ϱ vorkommt, gilt für die auf die Masseneinheit bezogene Gaskonstante R die folgende Einheit:
Gaskonstante	$p \cdot v = R \cdot T; \quad R = \dfrac{p}{T} \cdot v$
	$[R] = \dfrac{[p]}{[T]} \cdot [v]$
	$= \dfrac{kp/m^2}{grd} \cdot \dfrac{m^3}{kg}$
	$[R] = \dfrac{kp\,m}{kg \cdot grd}$
	Die Umgewöhnung auf das Rechnen mit Massen ist eine Voraussetzung dafür, daß die Ingenieure das Technische Einheitensystem zugunsten des Internationalen Einheitensystems aufgeben. Treten mit diesem gemischten Einheiten-Verfahren beim Rechnen mit Größengleichungen inkohärente Größen auf, so müssen Umrechnungsfaktoren eingeführt werden.
ab 1945	Nach dem 2. Weltkrieg (ab 1945) tritt das MKS-System immer mehr in den Vordergrund.
1948	Ab 1. 1. 1948 internationale Einführung der absoluten elektrischen Einheiten. Zusammen mit dem MKS-System (und im Gegensatz zum CGS-System) entsteht so ein geschlossenes abgestimmtes Einheitensystem

GIORGI

für Mechanik und Elektrodynamik. Als MKSA-System (m-kg-s-A-System) ist es ein Vierersystem mit den Grundgrößenarten Länge, Masse, Zeit und elektrische Stromstärke. Das MKSA-System wird zu Ehren von GIORGI auch Giorgi-System genannt.

Abgeleitete kohärente elektromagnetische Einheiten mit besonderem Namen sind:

Einheit		Größe
Name	Zeichen	
Volt	V	Spannung
Ohm	Ω	Widerstand
Siemens	S	Leitwert
Coulomb	C	Ladung
Farad	F	Kapazität
Henry	H	Induktivität
Weber	Wb	magnetischer Fluß
Tesla	T	magnetische Flußdichte (international ab 1954)

Abgeleitete nichtkohärente elektromagnetische Einheiten mit besonderem Namen sind:

Einheit		Größe
Name	Zeichen	
Oersted	Oe	magnetische Feldstärke
Maxwell	M	magnetischer Fluß
Gauß	G	magnetische Flußdichte (Induktion)
Gilbert	Gb	magnetische Spannung

1948   Die Internationale Union für reine und angewandte Physik (IUPAP) entscheidet sich für das MKS-System und stellte beim Internationalen Komitee für Maß und Gewicht den Antrag, es möge für die internationalen Beziehungen ein System praktischer, international verbindlicher Einheiten annehmen, für das die IUPAP als Grundeinheiten m, kg, s und eine noch später festzusetzende elektrische Einheit und als Krafteinheit das N (Newton) vorschlug. Der Antrag der IUPAP führte zur Annahme der Resolution 6 durch die 9. Generalkonferenz für Maß und Gewicht.

1948   9. Generalkonferenz für Maß und Gewicht.

Übergang von den „internationalen" elektrischen Einheiten zu den „absoluten" Einheiten, die an die metrischen Einheiten der Mechanik angeschlossen sind.

Die Resolution 6 der 9. Generalkonferenz bedeutet inhaltlich, daß die Aufstellung eines Gesamtentwurfes für ein internationales Einheitensystem (und gleichzeitig annehmbar für alle Mitgliedstaaten der Meter-

1948 konvention) besonders aussichtsreich geworden ist. Die weitere Entwicklung wurde durch die offizielle Versendung des französischen Entwurfes (Diskussionsgrundlage) vorgezeichnet [7].

Inhalt des französischen Entwurfes:

Teil I: Definition der Grundeinheiten für die sechs als Grundgrößenarten anzusehenden Größenarten Länge, Masse, Zeit, elektrische Stromstärke, Temperatur und Lichtstärke (Meter, Kilogramm, mittlere Sonnensekunde, Ampere, Grad Celsius und Candela);

Teil II: Zusammenstellung der für die wichtigsten physikalischen Größenarten aus sechs Grundeinheiten abzuleitenden Einheiten (wesentliche Grundlage für Teil II sind — abgesehen von °C und cd — das MKS-System und das MKSA-System). Als abgestimmte Krafteinheit sieht der französische Entwurf in Teil II konsequent die MKS-Einheit N (Newton) vor.

Teil III: Zusammenstellung besonderer Einheiten, die nicht kohärent aus den sechs Grundeinheiten abzuleiten sind (in verschiedenen Ländern übliche Einheiten). Die technische Krafteinheit, die *nicht* in das MKS-System paßt, wird in Teil III ohne festen Namen aufgeführt.

Neben der internationalen Krafteinheit N (Newton) kann eine technische Krafteinheit nur zugelassen werden, wenn diese einen Namen erhält, der weder durch seine Wortbildung noch durch sein Formelzeichen an die metrische Masseneinheit erinnert.

1948 Internationale Einführung der vom MKS-System abgeleiteten kohärenten Einheiten mit besonderem Namen:

Einheit		Größe
Name	Zeichen	
Newton	N	Kraft
Joule	J	Arbeit, Energie
Watt	W	Leistung

1954 10. Generalkonferenz für Maß und Gewicht.

Annahme der 6 Basiseinheiten des Internationalen Einheitensystems.

Dieser Konferenzbeschluß ist als ein besonders wichtiger Schritt bei der Aufstellung eines internationalen praktischen Einheitensystems anzusehen.

Das MKSAKC-System (m-kg-s-A-°K-cd-System), *Internationales Einheitensystems* genannt, gehört zu einem Größensystem, das sechs voneinander unabhängige Größen als Basisgrößen festsetzt, von denen sich alle übrigen Größen des Systems ableiten lassen.

1954 Tabelle: MKSAKC-System (Internationales Einheitensystem), Basisgrößen und Basiseinheiten

Basisgröße	Basiseinheit	
	Name	Zeichen
Länge	Meter	m
Masse	Kilogramm	kg
Zeit	Sekunde	s
elektrische Stromstärke	Ampere	A
Temperatur (thermodynamische Temperatur)	Kelvin	°K
Lichtstärke	Candela	cd

Zu dem Internationalen Einheitensystem gehören neben den genannten 6 Basiseinheiten noch weitere kohärente abgeleitete Einheiten, die z. T. eigene Namen führen (Newton, Pascal, Tesla, siehe S. 87).

1960 11. Generalkonferenz für Maß und Gewicht.

Vereinbarung der Abkürzung SI (von *Système International d'Unités*) für die 6 Basiseinheiten des Internationalen Einheitensystems und ihrer kohärent abgeleiteten Einheiten. Verabschiedung der Vorsätze zur Bezeichnung der dezimalen Vielfache und dezimalen Teile von Einheiten.

1969 Am 2. Juli 1969 wird in der Bundesrepublik Deutschland (BRD) das Gesetz über Einheiten im Meßwesen verkündet (nachfolgend Einheitengesetz, abgekürzt G, genannt) [1], [3].

1970 Die Ausführungsverordnung zum Gesetz über Einheiten im Meßwesen (nachfolgend Ausführungsverordnung, abgekürzt AV, genannt) vom 26. Juni 1970 tritt am 5. Juli 1970 — und damit auch das Gesetz vom 2. Juli 1969 — in Kraft [2], [3].

1971
Europäische
Gemeinschaften

Die Europäischen Gemeinschaften (EG) veröffentlichen am 29. Oktober 1971 die Richtlinie des Rates vom 18. Oktober 1971 zur Angleichung der Rechtsvorschriften der Mitgliedstaaten über die Einheiten im Meßwesen [4].

Artikel 4 (1) der Richtlinie verpflichtet die Mitgliedstaaten der EG, binnen 18 Monaten die erforderlichen Rechts- und Verwaltungsvorschriften im Sinne der Richtlinie in Kraft zu setzen.

1971 Im November 1971 erscheint DIN 1301 Einheiten; Einheitennamen, Einheitenzeichen. Damit beginnt in der BRD die Umstellung der DIN-Normen auf die gesetzlichen Einheiten [15].

1972 Großbritannien	Die britische Regierung (Department of Trade and Industry) legt dem Parlament am 7. Februar 1972 eine Studie bzw. ein Weißbuch über die Einführung des Metrischen Systems vor. In diesem Weißbuch werden mehrere Themen behandelt, u. a. das Verhältnis der internationalen Normung zum Metrischen System, die Anwendung der metrischen Einheiten im Transportwesen, in der Erziehung und Berufsausbildung und gegenüber den Verbrauchern.

Im einzelnen wird u. a. ausgeführt:

a) Die internationale Normung geht ausschließlich von Einheiten des Metrischen Systems, d. h. des Internationalen Einheitensystems, aus, weil diese Einheiten in der reinen Wissenschaft und in der angewandten Technologie in der Welt gebräuchlich sind.

b) Die Einhaltung der Richtlinie des Rates der Europäischen Gemeinschaften vom 18. Oktober 1971 ist nicht möglich. Durch Vereinbarungen bei den Beitrittsverhandlungen zur Europäischen Wirtschaftsgemeinschaft (EWG) soll sichergestellt werden, daß die in Großbritannien festgelegten Einheiten bis zum 31. Dezember 1979 und bei Vorliegen besonderer Gründe auch über diesen Zeitpunkt hinaus angewandt werden können.

Der Erlaß eines Gesetzes über Einheiten im Meßwesen (wie in der BRD am 2. Juli 1969 geschehen) ist im Weißbuch der britischen Regierung nicht vorgesehen.

1972 USA	In den USA wird am 6. März 1972 eine vom US-Handelsministerium erstellte Regierungsvorlage unter der Bezeichnung „H.J.Res 1092" eingebracht. Die Gesetzesvorlage erinnert daran, daß der Gebrauch des Metrischen Systems durch Gesetz vom 28. Juli 1866 in den USA autorisiert worden sei, außerdem seien die USA eine der ursprünglichen Signatarstaaten der Meterkonvention. Auf die zunehmend unvermeidbare Anwendung des Metrischen Systems in den USA wird hingewiesen. Der Gesetzentwurf „H.J.Res 1092" beinhaltet die folgenden Grundsätze:

a) Übernahme des Metrischen Systems für die gebräuchlichen Einheiten auf dem Gebiet der Erziehung und des Handels sowie allen anderen Sektoren der US-Wirtschaft mit dem Ziel, das Metrische System innerhalb von zehn Jahren nach Inkrafttreten des Gesetzes zum vorherrschenden — wenn auch nicht ausschließlichen — Einheiten-System in den USA zu machen.

b) Möglichst baldige Einführung neuer oder abgeänderter technischer Normen auf allen Gebieten, auf denen diese zur Rationalisierung oder Vereinfachung führen und zum Wachstum der Wirtschaft beitragen würden.

c) Zusammenarbeit mit ausländischen Regierungen, öffentlichen und privaten internationalen Organisationen, die sich die Koordinierung der vermehrten Anwendung des Metrischen Systems zur Aufgabe gemacht haben.

d) Einrichtung eines National Metric Conversion Board, bestehend aus 22 Personen, unter ihnen zwei Mitglieder des Repräsentantenhauses und zwei Mitglieder des Senats; Ernennung des Exekutivdirektors des Ausschusses durch den Präsidenten; Vorlage eines umfassenden Plans zur Einführung des Metrischen Systems durch den Ausschuß zwölf Monate nach Bereitstellung der erforderlichen Mittel.

Wenn das Gesetz angenommen wird, wäre in den USA ein bedeutsamer Schritt zur Übernahme des Metrischen Systems bzw. der Einheiten des Internationalen Einheitensystems (SI) gemacht. Die USA könnten auf diese Weise bei der Umstellung Großbritannien noch zuvorkommen.

1972 Die Regierung der BRD legt am 1. April 1972 einen Entwurf zur Änderung des Gesetzes über Einheiten im Meßwesen vor (Text siehe Kap. 8).

Warum wird ein Novellieren des Gesetzes notwendig?

Problem: Gemäß Artikel 4 (1) der Richtlinie des Rates der EG vom 18. Oktober 1971 werden die Mitgliedstaaten der EG verpflichtet, bis zum 29. April 1973 gemeinsame Vorschriften über die Einheiten im Meßwesen zu erlassen.

Lösung: Der oben genannte Gesetzentwurf enthält die notwendigen Änderungen der gesetzlichen Vorschriften (gemeint ist die Novelle zum Einheitengesetz) [1].

1972/1973 Vorentwürfe des Bundesministeriums für Wirtschaft der BRD zu einer Verordnung zur Änderung der Ausführungsverordnung zum Gesetz über Einheiten im Meßwesen (Text siehe Kap. 8).

Warum wird eine Verordnung zur Änderung der AV notwendig?

Problem: Artikel 4 (1) der Richtlinie des Rates der EG und die Novelle zum Einheitengesetz machen eine Überarbeitung der Ausführungsverordnung zum Gesetz über Einheiten im Meßwesen notwendig.

Lösung: Der Bundesminister für Wirtschaft hat die Ausführungsverordnung zum Gesetz über Einheiten im Meßwesen in der Fassung dieser Verordnung bekanntzumachen und dabei Unstimmigkeiten des Wortlauts zu beseitigen [2].

1973 Die Mitgliedstaaten der Europäischen Gemeinschaften müssen bis zum 29. April 1973 die erforderlichen Rechts- und Verwaltungsvorschriften in Kraft setzen, um der Richtlinie des Rates der EG vom 18. Oktober 1971 zur Angleichung der Rechtsvorschriften der Mitgliedstaaten über Einheiten im Meßwesen nachzukommen [4], [12], [21].

1976 Europäische Gemeinschaften	Der Rat der Europäischen Gemeinschaften (EG) verabschiedet am 27. Juli 1976 die Richtlinie zur Änderung der Richtlinie 71/354/EWG zur Angleichung der Rechtsvorschriften der Mitgliedstaaten über die Einheiten im Meßwesen (76/770/EWG). Begründung für die Änderung der Richtlinie: Titelseite der neuen Richtlinie 76/770/EWG (Text siehe Anhang). Veröffentlichung: Amtsblatt der EG (Nr. L 262, S. 204, 27. 9. 76).
1977 Bundesrepublik Deutschland	Der Bundesminister für Wirtschaft legt am 22. Juni 1977 den Entwurf einer zweiten Verordnung zur Änderung der Ausführungsverordnung zum Gesetz über Einheiten im Meßwesen vor. Die Verkündung der Verordnung vom 12. Dezember 1977 erfolgt am 15. Dezember 1977 im Bundesgesetzblatt (Teil I, Seite 2537, Nr. 83 vom 15. Dezember 1977). Diese Verordnung tritt am 1. Januar 1978 in Kraft (Text und Begründung für diese Verordnung siehe Anhang).
1978 Bundesrepublik Deutschland	1. Januar 1978: die neuen Einheiten werden verbindlich. Die Umstellungsfristen für die Pferdestärke, die Kalorie und einige andere Einheiten im Meßwesen sind abgelaufen. Nach fast achtjähriger Übergangszeit dürfen vom 1. Januar 1978 an im amtlichen und im geschäftlichen Verkehr nur noch diejenigen Einheiten verwendet werden, die durch das „Gesetz über Einheiten im Meßwesen" vom 2. Juli 1969, das Änderungsgesetz vom 6. Juli 1973 und die zugehörigen Ausführungsverordnungen vom 26. Juni 1970, vom 27. November 1973 und vom 12. Dezember 1977 festgelegt worden sind (alle Texte in zeitlicher Reihenfolge siehe Anhang). Es geht darum, in allen Ländern gleiche Einheiten im Meßwesen einzuführen; erhebliche Einsparungen an Zeit und Kosten im internationalen wirtschaftlichen Verkehr werden die Folge sein.
1978 Schweiz	Beispiel Schweiz: Meßwesen erneuert. Ab 1. Januar 1978 kommt auch in der Schweiz das Internationale Einheiten-System (SI) zur Anwendung; die rechtliche Basis dafür wurde mit der Revision des Bundesgesetzes über das Meßwesen geschaffen, das durch die Einheiten-Verordnung ergänzt wird. Wie die Schweizerischen Normen-Vereinigung (SNV) mitteilt, sind während einer Übergangszeit von fünf Jahren verschiedene der herkömmlichen Einheiten wie PS (Pferdestärken), Atü (Überdruck) oder kcal (Kilokalorien) zwar noch zulässig. Da die neuen Einheiten in den Ländern der Europäischen Gemeinschaften bereits ab Anfang 1978 weitgehend obligatorisch anzuwenden sind, ist auch die Schweiz zu einer entsprechend raschen Anpassung genötigt. Um die Umrechnung zu erleichtern, hat die Schweizerische Normen-Vereinigung (SNV) ein Merkblatt mit dem Titel „Umrechnungsfaktoren" (SNV-Norm 012110) veröffentlicht, das für die gebräuchlichsten Anwendungsfälle übersichtliche Umrechnungsangaben gibt. Sie ergänzt die von der SVN im Einvernehmen mit den zuständigen Bundesstellen erarbeitete Grundnorm „SI-Einheiten" (*Quelle: BÜNDNER ZEITUNG, Chur, 30.12.1977*).

2 Gesetz und Ausführungsverordnung über Einheiten im Meßwesen

2.1 Die Arbeit des Gesetzgebers

G (Einheitengesetz)
AV (Ausführungsverordnung)
„geschäftlicher" und „amtlicher" Verkehr

Am 2. Juli 1969 wurde das vom Bundestag der BRD beschlossene Gesetz über Einheiten im Meßwesen (im folgenden Einheitengesetz, abgekürzt G, genannt) verkündet. In Verbindung mit der Ausführungsverordnung zum Gesetz über Einheiten im Meßwesen vom 26. Juni 1970 (im folgenden Ausführungsverordnung, abgekürzt AV, genannt) trat das Gesetz am 5. Juli 1970 in Kraft. Gesetz und Ausführungsverordnung gelten in der BRD für den geschäftlichen und amtlichen Verkehr. Die Anwendungsvorschriften für gesetzliche Einheiten sind aber nicht anzuwenden auf den geschäftlichen und amtlichen Verkehr, der von und nach dem Ausland stattfindet oder mit der Einfuhr oder Ausfuhr unmittelbar zusammenhängt. Die Verwendung anderer, auf internationalen Übereinkommen beruhender Einheiten sowie ihrer Namen oder Einheitenzeichen im Schiffs-, Luft- und Eisenbahnverkehr bleibt unberührt.

Tabelle: was ist geschäftlicher und amtlicher Verkehr?

„geschäftlicher" Verkehr	„amtlicher" Verkehr	Lehre, Schrifttum
Vorbereitung von Geschäften (Angebot, Werbung, Auszeichnung der Waren). Abwicklung von Geschäften (Verkauf, Zusendung der Ware, Berechnung). Berechnung einer Leistung gegen Entgelt. Angaben über Produkte (Beschreibung, Charakterisierung), u. a.	Alle Vorgänge hoheitlicher und verwaltender Art. Verwaltungsakte Erlaß von Gesetzen. Jede Tätigkeit eines Amtes mit einem Dritten. Sonstige Verwaltungstätigkeiten, u. a.	hier ist das Gesetz nicht verbindlich. *aber:* die Interpretation von Neuerungen ist immer eine wichtige Aufgabe, vor allem in der Übergangszeit. *daher:* pro und nicht contra.
	siehe auch § 11 des Einheitengesetzes (Bußgeldvorschrift)	

Lehre
Schrifttum

Lehre und Schrifttum werden vom Gesetz nicht berührt, da sie nicht zum festgelegten Anwendungsbereich des geschäftlichen und amtlichen Verkehrs gehören. Die beiden Bereiche haben aber immer, vor allem in der Übergangszeit, eine bedeutende Mittlerrolle bei der Einführung der gesetzlichen Einheiten in die Praxis zu übernehmen. Die Übergangszeit wird mehrere Jahre Dauer haben (siehe auch Tabelle: befristet zugelassene Einheiten); nach dem Willen des

Gesetzgebers soll mit Fristablauf der begünstigende Verwaltungsakt automatisch erlöschen.
Über die genaue Dauer der Übergangszeit sind einwandfreie Prognosen nicht möglich. Es ist aber wahrscheinlich, daß auch nach dem Verstreichen der Fristen für „befristet zugelassene Einheiten" insbesondere in der Lehre, erklärend auch im Schrifttum, eine mindestens zweigleisige Denkweise gepflegt werden muß. Gerade im Kreise der Ingenieure sind unzählige Erfahrungen im langfristig erworbenen Fingerspitzengefühl und in der Anschauung verankert, so daß man nicht einfach die bisherigen Denkweisen bedenkenlos über Bord werfen darf [1], [2], [20].

2.2 Gesetz (G) und Ausführungsverordnung (AV), Gliederung

G
Gliederung

Das Einheitengesetz ist wie folgt gegliedert:
§ 1 Anwendungsbereich
§ 2 Gesetzliche Einheiten
§ 3 Basisgrößen und Basiseinheiten
§ 4 Atomphysikalische Einheiten für Stoffmenge, Masse und Energie
§ 5 Abgeleitete Einheiten, Ermächtigungen
§ 6 Dezimale Vielfache und Teile von Einheiten (Vorsätze)
§ 7... § 15 Aufgaben der PTB, Bußgeldvorschrift usw.

AV
Gliederung

Nachstehend werden die Abschnitte der Ausführungsverordnung genannt:
1. Allgemeine Vorschriften (§ 1... § 2),
2. Gesetzliche abgeleitete Einheiten (§ 3... § 46),
3. Gesetzliche abgeleitete Einheiten mit eingeschränktem Anwendungsbereich (§ 47... § 50),
4. Übergangsvorschriften § 51... § 55),
5. Ordnungswidrigkeiten (§ 56),
6. Schlußvorschriften (§ 57, § 58).

2.3 Die gesetzlichen Einheiten

SI-Basiseinheiten

Nach dem Einheitengesetz sind gesetzliche Einheiten:
a) die Basiseinheiten des Internationalen Einheitensystems (SI-Basiseinheiten), siehe Tabelle und G § 3;

Tabelle: Die gesetzlichen Basisgrößen und Basiseinheiten

Basisgröße	Basiseinheit	
	Name	Zeichen
Länge	Meter	m
Masse	Kilogramm	kg
Zeit	Sekunde	s
elektrische Stromstärke	Ampere	A
thermodynamische Temperatur oder Kelvintemperatur	Kelvin	K
Lichtstärke	Candela	cd

b) drei weitere, von den SI-Basiseinheiten unabhängige Einheiten mit der Bezeichnung „Atomphysikalische Einheiten" siehe Tabelle und G § 4;

atomphys. Einheiten

Tabelle: Gesetzliche atomphysikalische Einheiten

physikalische Größe	Einheit	
	Name	Zeichen
Stoffmenge	Mol	mol
Masse	atomare Masseneinheit	u
Energie	Elektronvolt	eV

abgeleitete Einheiten

c) die aus den Einheiten nach a) und b) kohärent abgeleiteten Einheiten (G § 2 und § 5);

d) die durch Vorsätze bezeichneten dezimalen Vielfache und Teile der nach a)...c) gebildeten Einheiten (G § 2 und § 6).

Einheitengruppe

Einheitensystem

Die gesetzlichen Einheiten stellen eine besondere Einheitengruppe dar, diese Gruppe ist aber kein Einheitensystem. Die SI-Einheiten (SI-Basiseinheiten und abgeleitete SI-Einheiten) dagegen gehören einem Einheitensystem an; Einheiten, die aus SI-Einheiten durch Vorsätze gebildet werden, sind jedoch keine SI-Einheiten, sie sind aber gesetzliche Einheiten. Der Begriff der SI-Einheiten ist somit wesentlich enger gefaßt als derjenige der gesetzlichen Einheiten.

Beispiel: cm ($= 10^{-2}$ m) ist keine SI-Einheit, aber gesetzliche Einheit.

Die gesetzlichen abgeleiteten Einheiten werden in der Ausführungsverordnung zum Einheitengesetz in drei Gruppen genannt:

α) gesetzliche abgeleitete Einheiten ohne Einschränkung hinsichtlich Anwendungsbereich und Zeit;

β) gesetzliche abgeleitete Einheiten mit eingeschränktem Anwendungsbereich;

γ) abgeleitete Einheiten mit Fristen und eingeschränktem Anwendungsbereich.

2.4 Die Europäischen Gemeinschaften (EG)

Richtlinie des Rates der EG

Auf Grund des Artikels 4 (1) der Richtlinie des Rates der Europäischen Gemeinschaften (EG) werden die Mitgliedstaaten der EG verpflichtet, bis zum 29. April 1973 gemeinsame Vorschriften für die Einheiten im Meßwesen zu erlassen [4]. Die dadurch in Gang gebrachte Harmonisierung der Rechts- und Verwaltungsvorschriften machten in der BRD eine Novelle zum Einheitengesetz und bei der Ausführungsverordnung eine Änderungsverordnung notwendig. Die entsprechenden Entwürfe liegen vor [1], [2], sie wurden inzwischen verabschiedet (Wortlaut siehe Anhang).

Neben redaktionellen Änderungen sind (als Konsequenz aus der Richtlinie des Rates der Europäischen Gemeinschaften) die folgenden Punkte der Novelle zum Einheitengesetz (Gesetz zur Änderung des Gesetzes über Einheiten im Meßwesen) besonders wichtig:

das Mol,
7. Basiseinheit

a) Erweiterung des Internationalen Einheitensystems um die siebte Basiseinheit Mol (Einheitenzeichen: mol) für die Größe Stoffmenge. Dadurch wird der Richtlinie des Rates der Europäischen Gemeinschaften entsprochen.

innergemeinschaftlicher Verkehr

b) Anwendung des Gesetzes über Einheiten im Meßwesen auch auf den geschäftlichen und amtlichen Verkehr, der von und nach Mitgliedstaaten der Europäischen Gemeinschaften stattfindet oder mit der Einfuhr aus oder der Ausfuhr nach diesen Staaten unmittelbar zusammenhängt.

Auf diese Weise wird die Pflicht zur Anwendung der gesetzlichen Einheiten auf den innergemeinschaftlichen Verkehr ausgedehnt.

gesetzliche Einheiten

c) Auf der Grundlage der Ermächtigung in § 5 Abs. 1 des Einheitengesetzes in der Fassung des Änderungsgesetzes werden auch alle abgeleiteten Einheiten als *gesetzliche* Einheiten zugelassen, die als Produkte oder Quotienten aus im Einheitengesetz oder in der Ausführungsverordnung festgesetzten Einheiten mit dem Zahlenfaktor 1 gebildet werden können.

Beispiele: Lichtmenge, SI-Einheit: lm s (Lumensekunde),

aus: lm (Lumen), Einheit des Lichtstromes (AV § 38) *und* s (Sekunde), Einheit der Zeit (G § 3).

Schallstärke, SI-Einheit: W/m^2 (Watt durch Quadratmeter),

aus: W (Watt), Einheit der Leistung (AV § 24) *und* m^2 (Quadratmeter), Einheit der Fläche (AV § 3).

Dehnung, SI-Einheit: m/m (Meter durch Meter),

aus: m (Meter), Einheit der Länge (G § 3) *und* m (Meter), Einheit der Länge (G § 3)

u. a.

3 DIN 1301 Einheiten; Einheitennamen, Einheitenzeichen

3.1 Geltungsbereich der Norm DIN 1301

DIN 1301

Durch das Einheitengesetz wurde der Weg frei für die Einführung der gesetzlichen Einheiten in das Deutsche Normenwerk. Als wichtiges Hilfsmittel für die angelaufene Umstellung auf die gesetzlichen Einheiten steht DIN 1301 „Einheiten; Einheitennamen, Einheitenzeichen" (Ausgabe Februar 1978) zur Verfügung. Während das Einheitengesetz und die Ausführungsverordnung nur den geschäftlichen und amtlichen Verkehr als Anwendungsbereich haben, gilt DIN 1301 ohne diese Einschränkung.

DIN 1301 (Februar 1978) wurde nach mehrjährigen Vorarbeiten mit Hilfe einer Vielzahl von Stellungnahmen aus Industrie und Wissenschaft erarbeitet und hat durch die Anpassung an internationale Entwicklungen grundlegende Bedeutung für das gesamte Normenwerk.

3.2 Inhalt der Norm DIN 1301 (Teil 1)

Einheit
SI-Einheit

In den einleitenden Abschnitten 1...4 werden, neben dem Geltungsbereich der Norm und dem allgemeinen Begriff der Einheit, der Begriff der SI-Einheit sowie Vielfache und Teile von Einheiten erklärt und Hinweise für ihre Benutzung angegeben. Der Abschnitt 5 enthält Einheitennamen und Beispiele für die Schreibweise von Einheitenzeichen (z.B. Produkte, Quotienten, Potenzen, maschinelle Wiedergabe).

Im Abschnitt 6 sind allgemein anwendbare Einheiten außerhalb des SI und Einheiten außerhalb des SI mit beschränktem Anwendungsbereich tabelliert.

Mol

Im Anhang A sind die Definitionen der sieben Basiseinheiten des Internationalen Einheitensystems (Text nach dem Gesetz über Einheiten im Meßwesen) zu finden. Das Mol (Einheitenzeichen: mol) wurde von der Generalkonferenz für Maß und Gewicht als siebte Basiseinheit für die Basisgröße Stoffmenge angenommen.

3.3 Einheitenliste (Tabellen): DIN 1301 (Teil 2)

Die in der Einheitenliste genannten physikalischen Größen sind in zehn Gruppen gegliedert. Es wird empfohlen, die Einheiten für andere, in der Liste nicht genannte Größen aus den Einheiten der Einheitenliste zu bilden.
Die Mehrheit der in der Einheitenliste der Norm DIN 1301 genannten Größen ist im Gesetz und in der Ausführungsverordnung genannt; z. B. Länge (G, Basisgröße), Fläche (AV § 3), Volumen (AV § 4), Dehnung (in G und AV nicht genannt) usw. [15].

4 Einige sehr praktische Fragen

$G = \{G\}[G]$

Bei der Einbringung von Einheiten in numerische Rechnungen wird u. a. auch wegen des Zusammenhanges

physikalische Größe = Zahlenwert · Einheit

deutlich, daß noch weitere Faktoren zu beachten sind. Einheitenbetrachtungen sind zwar auch isoliert sehr nützlich und wegen der Einheitenphilosophie häufig notwendig, doch stehen noch andere praktische Fragen immer gleichzeitig mit an, und zwar:

Größe
Zahlenwert
Einheit

a) Der Begriff der physikalischen Größe, kurz Größe genannt, muß klar erkannt und gedeutet werden. Eine sinnvolle Symbolsprache für Größen, Zahlenwerte und Einheiten ermöglicht allgemeine und spezielle mathematische Formulierungen, alle wünschenswerten algebraischen Umstellungen eingeschlossen.

Diagramme

b) Graphische Darstellungen in Koordinatensystemen erfordern für die Anfertigung ein Konzept, das auf die Darstellung von Größen *oder* Zahlenwerten hinausläuft.

Gleichungen

c) Gleichungen, als Ausgangspunkt für Zahlenrechnungen, sollten vorzugsweise als Größengleichungen, evtl. auch als zugeschnittene Größengleichungen, Anwendung finden. Unter bestimmten Voraussetzungen können im Einzelfall auch Zahlenwertgleichungen nützlich sein.

Vorsätze

d) Vorsätze (dezimale Vielfache und Teile von Einheiten) werden zukünftig verstärkt verwendet, insbesondere dann, wenn man einfache Zahlenwerte zu erhalten wünscht (empfohlen wird ein Zahlenbereich von 0,1 bis 1000).

4.1 Größen, Zahlenwerte, Einheiten

Größe

Unter Größen (physikalische Größen) werden meßbare Eigenschaften physikalischer Objekte, Vorgänge oder Zustände verstanden.

Beispiele: Länge, Masse, Zeit, Geschwindigkeit, Beschleunigung, Energie, Temperatur u. a.

Beim Rechnen mit Größen kann man alles als Größe betrachten, was sich als Produkt aus Zahlenwert und Einheit nebeneinander schreiben läßt. Zur allgemeinen formelmäßigen Darstellung dieser Aussage bedient man sich der folgenden Symbolsprache

Größe = Zahlenwert · Einheit

Symbolsprache $G = \{G\}[G]$, es bedeuten:

Größe G Größe,
hier wurde das allgemeine Formelzeichen G für eine nicht näher benannte Größe benutzt,

Zahlenwert $\{G\}$ Zahlenwert der Größe
(die geschweifte Klammer bedeutet, daß der Zahlenwert der Größe gemeint ist),

Einheit $[G]$ Einheit der Größe
(die eckige Klammer bedeutet, daß die Einheit der Größe gemeint ist).

Beispiel: Masse
$$m = \{m\}[m]$$
$$m = 500 \text{ kg} \; ; \; \{m\} = 500$$
$$[m] = \text{kg}$$

nicht $m = 500$ [kg] (Zahlenwerte und Einheiten sind selbständige Faktoren, die [ ] eckige Klammer hat eine für die Symbolsprache festgelegte Bedeutung und gehört daher nicht um ein Einheitenzeichen).

Die Gleichung Größe = Zahlenwert · Einheit läßt sich wie folgt schreiben und umstellen:

Beispiel: Druck

Größe $G = \{G\}[G];$ $p = \{p\}[p] = 20 \text{ bar}$

Zahlenwert $\{G\} = \dfrac{G}{[G]}$; $\{p\} = \dfrac{p}{[p]} = \dfrac{p}{\text{bar}} = 20$

Einheit $[G] = \dfrac{G}{\{G\}}$; $[p] = \dfrac{p}{\{p\}} = \dfrac{p}{20} = \text{bar}$

4.2 Graphische Darstellungen in Koordinatensystemen

In gedruckten Veröffentlichungen (Bücher, Zeitschriften, Prospekte, Werbeblätter), in der Lehre, aber auch bei Diapositiven und üblichen Koordinatenpapieren sind Festlegungen zu beachten, damit die Darstellung funktioneller Zusammenhänge in graphischen Darstellungen (Diagrammen) ohne Mißverständnisse möglich ist.

DIN 1338

DIN 461

Soweit es sich um drucktechnische Regeln handelt, sind diese in DIN 1338 (Buchstaben, Ziffern und Zeichen im Formelsatz) zu finden. Grundsätzliche Fragen über graphische Darstellungen in Koordinatensystemen für Veröffentlichungen in Naturwissenschaft und Technik sind in DIN 461 abgehandelt und genormt.

	An dieser Stelle sei auf das notwendige Konzept für die Anlage von graphischen Darstellungen hingewiesen. Man muß sich entschließen, entweder
Größe	a) Größen, im Sinne von $G = \{G\}[G]$, oder
Zahlenwert	b) Zahlenwerte, im Sinne von $\{G\} = \dfrac{G}{[G]}$,

auf den Koordinatenachsen darzustellen. Eine Pfeilspitze am Ende der Abszissenachse (waagerechte Achse) und der Ordinatenachse (senkrechte Achse) gibt an, in welcher Richtung die Koordinate zunimmt. Die kursiv zu schreibenden Formelzeichen (siehe Bild) stehen dabei am Anfang der Pfeile.

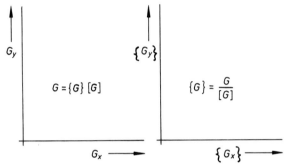

a) Darstellung von *Größen* in Diagrammen

b) Darstellung von *Zahlenwerten* in Diagrammen

Entsprechend dem Gesagten liest man an den Koordinatenachsen der Diagramme nach a) Größen ab, im Fall b) werden nur Zahlen abgelesen, deren Deutung ohne zusätzliche Informationen nicht möglich ist.

Beispiel: Darstellung der Frequenz auf der Ordinatenachse eines Diagramms (siehe Bild).

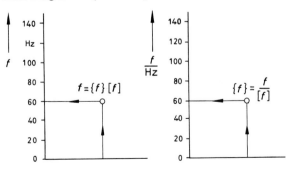

a) als Größe

b) als Zahlenwert

zu a) In diesem Diagramm ist die Frequenz als Größe dargestellt. Am Anfang des Pfeiles steht für die Größe Frequenz das Formelzeichen f; zwischen den beiden letzten Zahlen der nach oben zunehmenden Ordinatenachse steht für die gewählte Einheit Hertz das Einheitenzeichen Hz, dieses Zeichen gilt für die gesamte Ordinate.

Die Zahlen der Ordinatenachse und die verzeichnete Einheit bedeuten die rechte Seite der Gleichung $f = \{f\}[f]$, die linke Seite dieser Gleichung entspricht dem Formelzeichen f am Anfang des Pfeiles der Achse.

Deutung einer Ablesung: z. B. 60 Hz ist zu deuten als $f = 60$ Hz.

zu b) Hier sind auf der Ordinatenachse nur Zahlen zu finden entsprechend $\{f\}$. Am Anfang der Pfeilspitze muß dann im Sinne eines Quotienten aus der Größe und der Einheit $f/[f]$, hier $f/$Hz, stehen, wobei dieser Quotient eine andere Schreibweise für den Zahlenwert der Größe darstellt.

Deutung einer Ablesung: z. B. 60. Diese Zahl ist erst in Verbindung mit der Angabe am Anfang des Pfeiles auswertbar als:

$f/$Hz $= 60$ (bzw. nach dem Umstellen auch $f = 60$ Hz).

Der Vergleich der beiden Ablesungen und ihrer Deutungen zeigt, daß nur die Darstellung mit Größen eine *unmittelbare* Auswertung der Koordinatenachsen möglich macht.

Beispiel: Darstellung der Celsius-Temperatur auf der Abszissenachse eines Diagramms (siehe Bild).

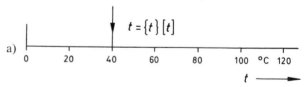

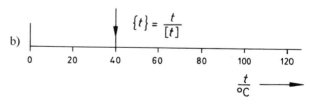

zu a) Es ist die Celsius-Temperatur t im Sinne von $t = \{t\}[t]$ als Größe dargestellt.

Deutung einer Ablesung:
z. B. 40 °C ist zu deuten als $t = 40$ °C.

zu b) Auf der Abszissenachse sind nur Zahlen zu finden. Eine Wertung dieser Zahlen ist nur möglich, wenn im Sinne des Quotienten $t/[t]$ der Bruch $\dfrac{t}{°C}$ zur Auswertung herangezogen wird.

Deutung der Ablesung:

z. B. 40, d. h. $\{t\} = \dfrac{t}{°C} = 40$

(nach dem Umstellen erhält man auch hier $t = 40\,°C$).

4.3 Gleichungen

4.3.1 Größengleichungen

Größengleichungen sind Gleichungen, in denen die Formelzeichen physikalische Größen bedeuten. Bei der numerischen Auswertung von Größengleichungen sind im Sinne der Symbolsprache

$G = \{G_1\}\,[G_1] \cdot \{G_2\}\,[G_2]\ldots$

für die Formelzeichen der Größe die Produkte aus Zahlenwert und Einheit zu setzen.

sehr wichtig!! Größengleichungen gelten unabhängig von der Wahl der Einheiten. Es sind keinerlei Voraussetzungen zu beachten, es sind immer dieselben einfachen Regeln der Mathematik anzuwenden.

Beispiel: Volumen eines Behälters mit den Kantenlängen a, b und c (gegeben: $a = 1$ m, $b = 2$ m, $c = 0{,}4$ m)

$V = a \cdot b \cdot c$ (Schreibweise auch $= a\,b\,c$)
$\quad = \{a\}\,[a] \cdot \{b\}\,[b] \cdot \{c\}\,[c]$
$\quad = 1\,\text{m} \cdot 2\,\text{m} \cdot 0{,}4\,\text{m}$

$V = 0{,}8\,\text{m}^3$,

oder, falls die Kantenlänge c in cm ($c = 40$ cm) gegeben wurde, unter Benutzung eines Umrechnungsfaktors (dieser wird aus der Einheitenbeziehung $1\,\text{m} = 100\,\text{cm}$ durch Umstellen erhalten):

$V = a \cdot b \cdot c$
$\quad = 1\,\text{m} \cdot 2\,\text{m} \cdot 40\,\text{cm} \cdot \dfrac{1\,\text{m}}{100\,\text{cm}}$

$V = 0{,}8\,\text{m}^3$.

Beispiel: Berechnung einer Wärmemenge aus der Masse, der spezifischen Wärmekapazität und der Temperaturdifferenz (gegeben: $m = 15$ kg, $c = 0{,}24$ kcal/kg grd,
alt!! $t_2 - t_1 = 60$ grd):

alt

$$Q = m \cdot c \cdot (t_2 - t_1)$$
$$= \{m\} [m] \cdot \{c\} [c] \cdot \{t_2 - t_1\} [t_2 - t_1]$$
$$= 15 \text{ kg} \cdot 0{,}24 \, \frac{\text{kcal}}{\text{kg grd}} \cdot 60 \text{ grd}$$
$$Q = 216 \text{ kcal},$$

neu!!

oder (neu), wenn die obige Wärmemenge in J (Joule) anzugeben ist:

$$Q = 15 \text{ kg} \cdot 1{,}01 \, \frac{\text{kJ}}{\text{kg} \cdot \text{K}} \cdot 60 \text{ K}$$
$$Q = 909 \text{ kJ}.$$

siehe auch: A...Z bei Wärmemenge, Temperatur, Temperaturdifferenz, Masse, spezifische Wärmekapazität u. a.

zugeschnittene Größengleichung

Wünscht man das Ergebnis einer Rechnung in einer bestimmten Einheit, wobei diese sich aus den Einheiten der übrigen Größen der Gleichung nicht von selbst ergibt, so kann man die allgemeine Größengleichung so ändern, daß sie auf die gegebenen und gewünschten Einheiten zugeschnitten wird.

Beispiel: gesucht: elektrische Spannung U in kV
           gegeben: elektrische Stromstärke I in A
                     elektrischer Widerstand R in Ω

Lösung: $U = 10^{-3} \, \dfrac{I}{\text{A}} \cdot \dfrac{R}{\Omega} \, \text{kV}$

Beispiel: gesucht: Drehmoment M in N m
           gegeben: Leistung P in kW
                     Drehzahl n in min^{-1}

Lösung: $M = 9\,560 \cdot \dfrac{P/\text{kW}}{n/\text{min}^{-1}} \, \text{N m}$

Zugeschnittene Größengleichungen sollte man immer dann verwenden, wenn es notwendig oder zweckmäßig ist, sich auf bestimmte Einheiten festzulegen oder wo man Dritten eine unmittelbar auswertbare Gleichung zur Verfügung stellen will [6].

4.3.2 Zahlenwertgleichungen

Zahlenwertgleichungen sind Gleichungen, in denen die Formelzeichen lediglich Zahlenwerte bedeuten. Durch Benutzung der Symbolsprache im Sinne von $\{G\}$ (bedeutet nach dem Vorhergegangenen, daß nur der Zahlenwert der betreffenden Größe gemeint ist) werden zusätzliche Angaben für die Auswertung der Gleichung erforderlich.

Beispiel: Volumen (wie vorher)
$\{V\} = \{a\} \cdot \{b\} \cdot \{c\}$; $\{V\}$ in m³

$\left.\begin{array}{c}\{a\}\\ \{b\}\\ \{c\}\end{array}\right\}$ in m

$= 1 \cdot 2 \cdot 0,4$

$\underline{\{V\} = 0,8}$ (das Ergebnis bedeutet in Verbindung mit den Erläuterungen $V = 0,8$ m³).

oder, mit den Verhältnissen von Größe und Einheit, im Sinne von

$$\{G\} = \frac{G}{[G]}:$$

$\{V\} = \{a\} \cdot \{b\} \cdot \{c\}$

$$\frac{V}{[V]} = \frac{a}{[a]} \cdot \frac{b}{[b]} \cdot \frac{c}{[c]}$$

$$\frac{V}{m^3} = \frac{a}{m} \cdot \frac{b}{m} \cdot \frac{c}{m} = 1 \cdot 2 \cdot 0,4$$

$\underline{\dfrac{V}{m^3} = 0,8 = \{V\}}$

(durch Umstellen bedeutet auch dieses Ergebnis wieder $V = 0,8$ m³).

Beispiel: Wärmemenge (wie vorher)
$\{Q\} = \{m\} \cdot \{c\} \cdot \{t_2 - t_1\}$; $\{Q\}$ in kJ
$\{m\}$ in kg
$\{c\}$ in $\dfrac{kJ}{kg \cdot K}$
$\{t_2 - t_1\}$ in K

$= 15 \cdot 1,01 \cdot 60$

$\underline{\{Q\} = 909}$ (das Ergebnis bedeutet, in Verbindung mit den zusätzlichen Erläuterungen, $Q = 909$ kJ).

oder:

$\{Q\} = \{m\} \cdot \{c\} \cdot \{t_2 - t_1\}$

$$\frac{Q}{[Q]} = \frac{m}{[m]} \cdot \frac{c}{[c]} \cdot \frac{t_2 - t_1}{[t_2 - t_1]}$$

$$\frac{Q}{kJ} = \frac{m}{kg} \cdot \frac{c}{kJ/(kg \cdot K)} \cdot \frac{t_2 - t_1}{K}$$

$= 15 \cdot 1,01 \cdot 60$

$\underline{\dfrac{Q}{kJ} = 216 = \{Q\}}$ (durch Umstellen bedeutet auch dieses Ergebnis wieder $Q = 909$ kJ).

4.3.3 Einheitengleichungen

Aus der Symbolsprache $[G] = G/\{G\}$ geht hervor, daß die Einheit einer Größe als Quotient aus der Größe selbst und ihrem Zahlenwert erscheint.

Beispiel: Wärmemenge (wie vorher)

$$[Q] = \frac{m}{\{m\}} \cdot \frac{c}{\{c\}} \cdot \frac{t_2 - t_1}{\{t_2 - t_1\}}$$

$$[Q] = \frac{15\,\text{kg}}{15} \cdot \frac{1{,}01\,\text{kJ}/(\text{kg} \cdot \text{K})}{1{,}01} \cdot \frac{60\,\text{K}}{60}$$

Einheitenprobe

$$[Q] = [m] \cdot [c] \cdot [t_2 - t_1]$$
$$= \text{kg} \cdot \frac{\text{kJ}}{\text{kg} \cdot \text{K}} \cdot \text{K}$$

$[Q] = \text{kJ}$ (der hier aufgezeigte Rechengang ist auch als Einheitenprobe brauchbar).

Die zahlenmäßigen Beziehungen zwischen Einheiten bezeichnet man auch als Einheitengleichungen oder Einheitenbeziehungen. Durch Umstellung in die beiden möglichen Formen 1 = ... erhält man Umrechnungsfaktoren. Diese Umrechnungsfaktoren kann sich jeder Benutzer mit Hilfe von übernommenen oder aufgestellten Einheitengleichungen selbst berechnen.

Beispiel: 1 m = 100 cm

Umrechnungsfaktoren

I
$$100\,\frac{\text{cm}}{\text{m}}$$

II
$$0{,}01\,\frac{\text{m}}{\text{cm}}$$

Ist in einem Rechengang die Einheit m durch die Einheit cm zu ersetzen, so ist der Umrechnungsfaktor I einzubringen, im umgekehrten Fall ist der Umrechnungsfaktor II als Faktor in die Rechnung einzusetzen.

Beispiel: 1 kp = 9,806 65 N ≈ 9,81 N

Umrechnungsfaktoren

I $\quad 9{,}81\,\dfrac{\text{N}}{\text{kp}} \qquad$ II $\quad \dfrac{1}{9{,}81}\,\dfrac{\text{kp}}{\text{N}}$

4.4 Vorsätze

(Dezimale Vielfache und Teile von Einheiten)

Vorsätze
Vorsatzzeichen

Durch Vorsetzen bestimmter Vorsilben (Vorsätze genannt) vor den Namen der Einheit erhält man dezimale Vielfache und Teile von Einheiten. Die Vorsätze und Vorsatzzeichen gemäß Tabelle wurden auf der 11. (1960) und 12. (1964) Generalkonferenz für Maß und Gewicht beschlossen. Positive und negative Zehnerpotenzen sind in Dreiersprüngen gestuft, die Exponenten von

±(1...3) sind stufenlos. Für eine rechnerische Auswertung sind die Zehnerpotenzen diejenigen Faktoren, mit denen die Einheit zu multiplizieren ist.

Tabelle: International festgelegte Vorsätze

Vorsätze
Vorsatzzeichen

Zehnerpotenz	Vorsatz	Vorsatzzeichen
10^{18}	Exa	E
10^{15}	Peta	P
10^{12}	Tera	T
10^{9}	Giga	G
10^{6}	Mega	M
10^{3}	Kilo	k
10^{2}	Hekto	h
$10^{1} = 10$	Deka	da
10^{-1}	Dezi	d
10^{-2}	Zenti	c
10^{-3}	Milli	m
10^{-6}	Mikro	µ
10^{-9}	Nano	n
10^{-12}	Piko	p
10^{-15}	Femto	f
10^{-18}	Atto	a

Zur richtigen Handhabung der Vorsätze müssen einige Einschränkungen und Zusammenhänge bekannt sein, die nachstehenden Formulierungen zu Regeln sollen diese Details in Verbindung mit Beispielen greifbarer und einprägsamer machen.

Regel 1:
Formelsatz

Satztechnisch sind senkrecht stehende Lettern (wie Einheitenzeichen) für Vorsätze zu verwenden, auch bei griechischen Buchstaben (siehe DIN 1338). Die Vorsätze stehen *ohne Zwischenraum vor* dem Einheitenzeichen.

Beispiele:

cm² (Sprechweise: Zentimeter hoch zwei);
$1 \text{ cm}^2 = 10^{-4} \text{ m}^2$

µm (Sprechweise: Mikrometer); $1 \text{ µm} = 10^{-6} \text{ m}$

Regel 2:
nur 1 Vorsatz
je Einheit

Eine Einheit darf nicht mehr als einen Vorsatz zur Bezeichnung eines dezimalen Vielfachen oder Teiles dieser Einheit enthalten. Diese Regelung ist notwendig, weil sonst Mehrdeutigkeiten nicht auszuschließen sind.

Beispiele:

10^{-9} m = 1 nm (Sprechweise: 1 Nanometer)
nicht = 1 mµm (1 Millimikrometer)
auch *nicht* = 1 µmm (1 Mikromillimeter)
auch *nicht* = 1 mµ (1 Millimikrometer)
10^3 g = 1 kg (1 Kilogramm);
10^6 g = 1 Mg (1 Megagramm)
= 10^3 kg
nicht = 1 kkg!!!

Regel 3:
Vorsätze nicht selbständig

Ein Vorsatz ist keine selbständige Abkürzung für eine Zehnerpotenz, *Vorsatz und Einheit bilden ein Ganzes.* Nur in Verbindung mit der betreffenden Einheit hat ein Vorsatz die Bedeutung und Wirkung der ausgewählten Zehnerpotenz.

z. B. $10^3 \text{ g} = 1 \text{ kg}$ (1 Kilogramm), *nicht* selbständig $10^3 = 1 \text{ k}$!!!

Regel 4:
Einheit und Exponent

Die Exponenten der Einheiten gelten in der gleichen Weise auch für die Vorsätze (wegen Regel 3, Vorsatz und Einheit bilden ein Ganzes).

Beispiele:

$1 \text{ cm}^2 = (10^{-2} \text{ m})^2 = 10^{-4} \text{ m}^2$
nicht $= 10^{-2} \text{ m}^2$!!!
$1 \text{ cm}^3 = (10^{-2} \text{ m})^3 = 10^{-6} \text{ m}^3$
nicht $= 10^{-2} \text{ m}^3$!!!
$1 \text{ }\mu\text{s} = 10^{-6} \text{ s}$ (1 Mikrosekunde)
$1 \text{ }\mu\text{s}^{-1} = (10^{-6} \text{ s})^{-1} = 10^6 \text{ s}^{-1} = 1 \text{ MHz}$
nicht $= 10^{-6} \text{ s}^{-1}$!!!
$1 \text{ ns}^{-1} = (10^{-9} \text{ s})^{-1} = 10^9 \text{ s}^{-1} = 1 \text{ GHz}$
nicht $= 10^{-9} \text{ s}^{-1}$!!!
$1 \text{ mm}^2/\text{s} = (10^{-3} \text{ m})^2/\text{s} = 10^{-6} \text{ m}^2/\text{s} = 10^{-6} \text{ m}^2\text{s}^{-1}$

Regel 5:
Vorsätze sind zusammenziehbar

Mehrere (auch alle) Vorsätze können zu einem Vorsatz zusammengezogen werden.

z. B. $1 \dfrac{\text{kA}^2 \text{ ms}^4}{\text{kg m}^2} = \dfrac{(10^3 \text{ A})^2 \cdot (10^{-3} \text{ s})^4}{\text{kg m}^2}$

$\qquad = \dfrac{10^6 \text{ A}^2 \, 10^{-12} \text{ s}^4}{\text{kg m}^2} = 10^{-6} \dfrac{\text{A}^2 \text{ s}^4}{\text{kg m}^2}$

$\qquad = 1 \text{ }\mu\text{F}$ (1 Mikrofarad),

$\qquad$ (wegen $1 \text{ F} = 1 \text{ A}^2\text{s}^4/\text{kg m}^2$)

auch $= 1 \dfrac{\text{mA}^2\text{s}^4}{\text{kg m}^2} = 1 \text{ mA}^2\text{s}^4/\text{kg m}^2$

nicht $= 1 \dfrac{\mu\text{A}^2\text{s}^4}{\text{kg m}^2}$!!!

Regel 6:
Vorsätze bei besonderen Einheitenzeichen

Einige Einheiten mit Vorsätzen haben besondere Einheitennamen (z. B. Liter, Tonne, Bar) und besondere Einheitenzeichen (l, t, bar). Vorsätze sind auch bei derartigen Einheiten anwendbar.

z. B. $1 \text{ dm}^3 = 10^{-3} \text{ m}^3 = 1 \text{ l}$ (1 Liter)
$\qquad 1 \text{ cm}^3 = 10^{-6} \text{ m}^3 = 10^{-3} \text{ l}$
$\qquad\qquad\quad\, = 1 \text{ ml}$ (1 Milliliter)
$\qquad 0{,}1 \text{ MPa} = 0{,}1 \text{ MN}/\text{m}^2 = 1 \text{ bar}$ (1 Bar)
$\qquad 10^{-3} \text{ bar} = 1 \text{ mbar}$ (1 Millibar)

Regel 7:
Schreibweisen

Schreibweisen für Einheitenprodukte und Einheitenquotienten (Bruchstriche, Exponenten).

ms bedeutet Millisekunde (siehe Regel 1)
m s Satztechnisch mit Ausschluß (Zwischenraum) bedeutet m·s (Meter mal Sekunde). Verwechslungen mit dem Vorsatz Milli sind hier möglich, wenn der Zwischenraum fehlt oder übersehen wird. Darum Folge besser tauschen in:
s m bedeutet s·m (Sekunde mal Meter)
mN bedeutet Millinewton (siehe Regel 1)
m N bedeutet m·N (Meter mal Newton), Folge aus den obigen Gründen besser tauschen in:
N m bedeutet N·m (Newton mal Meter)
m kp bedeutete m·kp (Meter mal Kilopond), Reihenfolge der Einheiten besser wie folgt:
kp m bedeutete kp·m (Kilopond mal Meter)

Beispiel:

Wärmeleitfähigkeit, SI-Einheit: $\dfrac{W}{K \cdot m}$

(Watt durch Kelvinmeter)

gleichwertige Schreibweise:

$$1 \dfrac{W}{K \cdot m} = 1 \text{ W}/(K \cdot m) = 1 \text{ W K}^{-1} \text{ m}^{-1}$$

Der horizontale Bruchstrich trennt Zähler und Nenner augenfällig, der Platzbedarf im Buchdruck ist jedoch beträchtlich. Beim schrägen Bruchstrich entstehen oft Zweifel, wenn der Nenner aus mehreren Faktoren besteht. Die Schreibweise 1 W/K m ist an sich schon eindeutig, da hinter dem schrägen Bruchstrich kein neues (sichtbares) mathematisches Zeichen das Ende des Nenners angibt, eine Klammer um die Faktoren des Nenners schließt jedoch jeden Zweifel hinsichtlich der Zusammengehörigkeit der Faktoren aus. Schreibweisen mit negativen Exponenten sind gute Darstellungsformen insbesondere dann, wenn der Nenner aus mehreren Faktoren besteht. Von Fall zu Fall wird man die eine oder andere Schreibweise bevorzugen, beherrschen muß man alle gleichwertigen Möglichkeiten.

Beispiel:

Geschwindigkeit, SI-Einheit: m/s

gleichwertige Schreibweisen:

$\dfrac{m}{s}$ = m/s = m s^{-1} (mit Zwischenraum gesetzt),

bedeutet m·s^{-1}
(Meter mal Sekunde hoch minus eins)

$nicht$ = ms⁻¹ (Bedeutung ohne Zwischenraum: Millisekunde hoch minus eins), denn es ist:
$$1 \text{ ms}^{-1} = (10^{-3} \text{ s})^{-1} = 10^3 \text{ s}^{-1} = 1 \text{ kHz}$$

Regel 8:
Ausdrucksweisen, Lesarten

Ausdrucksweisen bei Bennenungen und Namen, auch bei Lesarten, müssen klar und eindeutig sein.

z. B. 10^6 m³ *nicht* Megakubikmeter ($nicht$ = 1 Mm³), *sondern* Kubikhektometer (wegen Regel 4):
$$1 \text{ hm}^3 = (10^2 \text{ m})^3 = 10^6 \text{ m}^3$$

10^{-6} kg *nicht* Mikrokilogramm (nicht = 1 μkg), *sondern* Milligramm (wegen Regel 2):
$$10^{-6} \text{ kg} = 10^{-6} \cdot 10^3 \text{ g} = 10^{-3} \text{ g} = 1 \text{ mg} (1 \text{ Milligramm})$$

Lesart bei Produkten (Beispiele):
kW h (mit Zwischenraum gesetzt), „Kilowattstunde",
N m (mit Zwischenraum gesetzt), „Newtonmeter",
m K (mit Zwischenraum gesetzt), „Meterkelvin",
kp m (mit Zwischenraum gesetzt), „Kilopondmeter",

bei Quotienten:
km/h *nicht* „Stundenkilometer"
sondern „Kilometer *durch* Stunde", u. a.

Regel 9:
empfohlener Zahlenbereich

Bei der Auswahl der Vorsätze wird für die Zahlenwerte ein Bereich von 0,1 ... 1 000 empfohlen.

Beispiele:

$0{,}003\,94$ m $= 3{,}94 \cdot 10^{-3}$ m $= 3{,}94$ mm
$1{,}2 \cdot 10^4$ N $= 1{,}2 \cdot 10^1 \cdot 10^3$ N $= 12$ kN
$0{,}000\,031$ s $= 3{,}1 \cdot 10^{-5}$ s $= 31 \cdot 10^{-6}$ s $= 31$ ns
$4\,000\,000$ Pa $= 4\,000\,000$ N/m²
$\phantom{4\,000\,000 \text{ Pa}} = 4 \cdot 10^6$ Pa $= 4 \cdot 10^6$ N/m²
$\phantom{4\,000\,000 \text{ Pa}} = 4$ MPa $= 4$ MN/m²
oder $ = 40 \cdot 10^5$ Pa $= 40 \cdot 10^5$ N/m²
$\phantom{4\,000\,000 \text{ Pa}} = 40$ bar

5 A...Z; Größen, Einheiten und Zusammenhänge, alphabetisch geordnet

Die nachfolgenden Informationen enthalten alphabetisch geordnete Angaben über die bekanntesten Größen in Technik, Physik und Naturwissenschaft. Auf jeder Seite wurde Vollständigkeit angestrebt. Das Wort Einheit wird vorzugsweise wie folgt kombiniert verwendet:

Einheiten:
a) SI-Basiseinheiten (siehe A...Z: Verbund der SI-Einheiten), siehe auch: A...Z bei Länge, Masse, Zeit, elektr. Stromstärke, thermodyn. Temperatur, Stoffmenge, Lichtstärke.

b) abgeleitete SI-Einheiten, teilweise mit besonderem Namen (siehe A...Z bei SI); z.B. Pa (Pascal), siehe auch: A...Z bei Druck.

c) Weitere SI-Einheiten

z.B. N m (Newtonmeter), siehe A...Z bei Moment einer Kraft. Jeder Leser kann selbst durch Kombinieren weitere SI-Einheiten bilden:

z. B. aus N (Newton) und s (Sekunde) kann das Produkt N s (Newtonsekunde) als SI-Einheit für den Impuls (Kraftstoß, Bewegungsgröße) gebildet werden.

d) Weitere Einheiten, z. B. SI-Einheiten mit Vorsätzen (*aber:* aus SI-Einheiten mit Vorsätzen gebildete Einheiten heißen *nicht mehr* SI-Einheiten).

z. B. m (Meter) ist SI-Einheit,
cm (Zentimeter) ist keine SI-Einheit mehr, beide sind aber gesetzlich.

e) Weitere Einheiten. Angaben darüber, was auch noch (befristet) oder was nicht mehr zugelassen ist.

Struktur der Informationen: Innerhalb des A...Z seitenweise nach Musterseite.

Fundstellen:
G (Gesetz über Einheiten im Meßwesen), [1], [24]
AV (Ausführungsverordnung zum Gesetz über Einheiten im Meßwesen), [2], [25], [26]
ST (Kommentar Dr. STRECKER), [3]
EG (Richtlinien des Rates der Europäischen Gemeinschaften), [4]
ISO (Internationale Organisation für Normung, INTERNATIONAL STANDARD ISO 1000), [22]
DIN (DIN-Normen, Herausgeber: DIN Deutsches Institut für Normung e.V., Berlin)
SI Das Internationale Einheitensystem, [30]
siehe Schrifttum (Kapitel 9)
Kapitel 6: Tabellen
Kapitel 7: Ausgewählte Rechenbeispiele und graphische Darstellungen.

Struktur im A...Z (Musterseite)

Größe (physikalische Größe); Name, Bedeutung

E Englisch
F Französisch
    evtl. siehe auch: Querverbindungen und Zusammenhänge zu anderen Größen.

SI-Einheit:
Name
(Zeichen;
evtl. Aussprache)
    Weitere Einheiten (Auswahl):
aus SI-Einheiten gebildete weitere Einheiten mit Anwendung von dezimalen Vielfachen und Teilen von Einheiten (Vorsätzen). Ferner:
auch noch: ; nicht mehr zugelassen: ; usw.

Definition:
oder
Erklärung:
    Die SI-Basiseinheiten werden definiert (Wortlaut nach G), die übrigen SI-Einheiten werden durch geeignete Formulierungen (AV oder Verfasser) erklärt.

Übergangsvorschriften:
    AV §51...54: Übergangsvorschriften (Fristen) für abgeleitete Einheiten (vollständiger Text siehe Anhang)
Zweite Verordnung zur Änderung der Ausführungsverordnung zum Gesetz über Einheiten im Meßwesen (vom 12. Dezember 1977); vollständiger Text im Anhang, siehe auch [26]
siehe auch: Tabelle im Kap. 6.1 Übergangsvorschriften

Beziehungen:
    Hier werden alle grundlegenden Beziehungen aufgezeigt, z. B.
1 N = 1 kg m/s², und alle obigen Einheiten werden in ihrer Beziehung zur SI-Einheit angegeben. Alle Beziehungen sind zur Bildung von Umrechnungsfaktoren verwendbar, z. B. erhält man aus
1 kp = 9,806 65 N ≈ 9,81 N die beiden nachfolgend genannten möglichen Umrechnungsfaktoren:

Umrechnungsfaktoren:

        I   II

z. B. $9{,}81\,\dfrac{N}{kp}$ $0{,}102\,\dfrac{kp}{N}$

Formelzeichen:
    Allgemeine Formelzeichen nach DIN 1304, oder (und) spezielle Formelzeichen des Fachgebietes der physikalischen Größe.
Tabellierte Beispiele (nach DIN 1304) siehe Kapitel 0.1 am Anfang dieses Buches.

Gleichungen:
    nach Bedarf Definitionsgleichungen oder andere Zusammenhänge

Fundstellen:
    G   ("Gesetz"), siehe [1], [24],
AV ("Ausführungsverordnung"), siehe [2], [25], [26]
ST ("Kommentar Dr. STRECKER"), siehe [3]
ISO 1000, siehe [22]
DIN 1301 (Einheiten), Teil 1 und Teil 2, siehe [15]
DIN 1304 (Allgemeine Formelzeichen), siehe [28]
DIN 1313 (Physikalische Größen und Einheiten; Begriffe, Schreibweisen), siehe [8]
u. a.

Aktivität einer radioaktiven Substanz

E activity
F activité

Die Aktivität einer radioaktiven Substanz ist der Quotient aus der Anzahl der Zerfallsakte (Umwandlungen und Übergänge) und der zugehörigen Zeit.
siehe auch: Radioaktivität, Radiologie, Balneologie

SI-Einheit:
Bq
(Becquerel)

Becquerel ist der besondere Name für die SI-Einheit reziproke Sekunde bei der Angabe der Aktivität radioaktiver Substanzen.
weitere Einheiten (Auswahl): z.B. MBq GBq u.a.
auch noch Ci (Curie), besonderer Name für das 37fache des Gigabecquerel

nicht mehr zugelassen:
eman (Eman) für 10^{-10} Ci/l
M.E. (Mache-Einheit) für $3{,}64 \cdot 10^{-10}$ Ci/l

Erklärung:

1 Becquerel ist gleich der Aktivität einer Menge eines radioaktiven Nuklids, in der der Quotient aus dem statistischen Erwartungswert für die Anzahl der Umwandlungen oder isomeren Übergänge und der Zeitspanne, in der diese Umwandlungen oder Übergänge stattfinden, dem Grenzwert 1/s bei abnehmender Zeitspanne zustrebt.

Übergangsvorschriften:

Ci (Curie) bis zum 31.12.1985 zugelassen

Beziehungen:

1 Bq = 1 s^{-1}

1 Ci = 37 GBq = 37 000 000 000 Bq

1 Ci = 37 ns^{-1} = 37 $(10^{-9}\,s)^{-1}$

= $37 \cdot 10^9\ s^{-1}$ = 37 000 000 000 s^{-1}

1 eman = 10^{-10} Ci/l = 0,275 M.E.

1 M.E. = $3{,}64 \cdot 10^{-10}$ Ci/l = 3,64 eman

Formelzeichen:

A (Aktivität einer radioaktiven Substanz), DIN 1304
a (spezifische Aktivität einer radioaktiven Substanz)
[a] = Bq/kg; DIN 1304, DIN 1358, DIN 6814

Fundstellen:

AV § 40, AV § 51 (2) 10, AV 2. Verordnung § 40
ST S. 632 (Begründung zu AV § 40)
DIN 1301 (Einheiten; Teil 2, Nr. 9.1)
DIN 1304 (Allgemeine Formelzeichen; Nr. 9.1 und 9.2)
DIN 1358 (Meteorologie und Geophysik)
DIN 6814 (Begriffe und Benennungen in der radiologischen Technik; Teil 4)

Arbeit

E work
F travail

Arbeit, Energie und Wärmemenge sind Größen gleicher Art (daher gleiche SI-Einheit).

siehe auch: Energie, Wärme (Wärmemenge), Kraft, Länge, Zeit, Leistung

SI-Einheit: J (Joule, Aussprache: „dschul")	weitere Einheiten (Auswahl): MN m kN m mN m auch: J, kJ usw. (siehe Energie, Wärme) auch: W s, kW h usw. nicht mehr: erg (Erg), kp m, kcal, dyn cm
Erklärung:	1 Joule ist gleich der Arbeit, die verbraucht wird, wenn der Angriffspunkt der Kraft 1 N in Richtung der Kraft um 1 m verschoben wird.
Übergangsvorschriften:	erg (Erg), dyn (Dyn), p (Pond) cal (Kalorie), alle bis zum 31. 12. 1977 zugelassen

$F = 1\,N$, $s = 1\,m$, Weg s

Beziehungen:

1 N m	= 1 J	= 1 W s	= 1 kg m^2/s^2
1 MN m	= 10^6 N m	= 10^3 kN m	= 10^3 kJ = 10^6 J
1 kN m	= 10^3 N m	= 10^3 J	= 1 kJ
1 mN m	= 10^{-3} N m	= 10^{-3} J	= 1 mJ
1 kW s	= 10^3 W s	= 10^3 J	= 1 kN m
1 kW h	= 3,6 MJ	= 3,6 MN m	= 3,6 · 10^6 J
1 erg	= 1 g cm^2/s^2	= 1 dyn cm	= 10^{-7} J
10^7 erg	= 1 J	= 1 N m	= 1 kg m^2/s^2
1 kp m	**= 9,806 65 N m**	**≈ 10 N m**	**= 10 J**
1 kcal	= 4,1868 kJ	≈ 4,2 kJ	
1 kcal	= 426,8 kp m		

Umrechnungsfaktoren:

	I	II
z. B.	9,81 $\dfrac{N\,m}{kp\,m}$	0,102 $\dfrac{kp\,m}{N\,m}$
	9,81 $\dfrac{J}{kp\,m}$	0,102 $\dfrac{kp\,m}{J}$

Formelzeichen: W, A (Arbeit), DIN 1304 (Nr. 3.39), DIN 1345

Gleichung: $W = F \cdot s$; F Kraft, s Weg (in Richtung der Kraft)

Anmerkung: Man erhält die Einheit J (Joule)
mit Hilfe der gleichwertigen Gleichungen:
Arbeit = Kraft × Weg;   [W] = N m = J,
Arbeit = Leistung × Zeit; [W] = W s = J.
Mechanische Arbeiten gibt man zweckmäßig in N m (oder mit Vorsätzen), elektrische Arbeiten in W s (oder mit Vorsätzen) an. Die Äquivalenz von Energie, Arbeit und Wärme (1 J = 1 N m = 1 W s) ist auch für Energiebilanzen besonders vorteilhaft.

Fundstellen: AV § 23
ST S. 630 (Begründung zu AV § 23)
DIN 1301 (Einheiten; Teil 2, Nr. 3.39), DIN 1304, DIN 1345
ISO 1000—1973 (E), Nr. 3—22.1

Beleuchtungsstärke
E illuminance, illumination
F éclairement, intensité d'éclairement

siehe auch: Lichtstrom, Fläche, Lichtstärke, Leuchtdichte u. a.

SI-Einheit: lx (Lux)	weitere Einheiten (Auswahl): klx mlx usw, lm/cm² *nicht* mehr in Normen anwendbar: ph (Phot) für lm/cm² nx (Nox) für 10^{-3} lx nt (Nit) für cd/m²
Erklärung:	1 Lux ist gleich der Beleuchtungsstärke, die auf einer Fläche herrscht, wenn auf 1 m² der Fläche gleichmäßig verteilt der Lichtstrom 1 lm fällt.
Übergangs- vorschriften:	·/.
Beziehungen:	1 lx = 1 lm/m² 1 klx = 10^3 lx = 10^3 lm/m² 1 mlx = 10^{-3} lx = 10^{-3} lm/m² 10^4 lx = 10 klx = 1 lm/cm² 1 nx = 10^{-3} lx = 10^{-3} lm/m² = 10^{-3} cd sr/m² = 10^{-3} nt sr 1 nt = 1 cd/m² 1 ph = 1 lm/cm² = 10 klx (siehe oben!!)
Formelzeichen:	E, E_v (Beleuchtungsstärke), DIN 1304
Fundstellen:	AV § 39 ST S. 631 (Begründung zu AV § 39) DIN 1301 (Einheiten; Teil 2, Nr. 7.7) DIN 1304 (Allgemeine Formelzeichen; Nr. 7.7) DIN 5031 (Strahlungsphysik im optischen Bereich und Lichttechnik; Teil 3: Größen, Formelzeichen und Einheiten der Lichttechnik) ISO 1000—1973 (E), Nr. 6—24.1

Beschleunigung

E acceleration
F accélération

Die Beschleunigung ist der Quotient aus der Geschwindigkeitsänderung und dem zugehörigen Zeitintervall.
siehe auch: Länge (Weg), Zeit, Geschwindigkeit, Fallbeschleunigung u. a.

SI-Einheit:
m/s^2
(Meter durch Sekunde hoch zwei)

weitere Einheiten (Auswahl):
cm/s^2
nicht mehr: Gal (Gal), für die Angabe von Werten der Fallbeschleunigung als besonderer Name für die Beschleunigungseinheit Zentimeter durch Sekundenquadrat (cm/s^2)
nicht mehr zugelassen:
E (Eötvös) für 10^{-9} Gal/cm (Schweremessungen in der Geophysik; E ist Einheit für die auf die Entfernung D bezogene Änderung der örtlichen Fallbeschleunigung g).

Erklärung:
1 Meter durch Sekundenquadrat ist gleich der Beschleunigung eines sich geradlinig bewegenden Körpers, dessen Geschwindigkeit sich während der Zeit 1 s gleichmäßig um 1 m/s ändert.

Übergangsvorschriften:
Gal (Gal), bis zum 31. 12. 1974 zugelassen

Beziehungen:
1 cm/s^2 = 10^{-2} m/s^2 = 0,01 m/s^2
1 Gal = 1 cm/s^2 = 0,01 m/s^2
Angaben über die Fallbeschleunigung und den Normwert der Fallbeschleunigung (Normfallbeschleunigung) siehe DIN 1305.

$$1 \text{ E} = 10^{-9} \text{ Gal/cm} = 10^{-9} \frac{cm/s^2}{cm} = 10^{-9} s^{-2}$$

Formelzeichen:
a (Beschleunigung), DIN 1304, DIN 5497

Gleichungen: (Auswahl)

$$a = \frac{dv}{dt} = \dot{v} = \frac{d^2s}{dt^2} = \ddot{s} \quad \text{(allgemeingültig)}$$

$$a = \frac{\Delta v}{\Delta t} \ ; \quad \text{mittlere Beschleunigung}$$

Anmerkung:
$a = 0$; gleichförmige Bewegung (konstante Geschwindigkeit)
$+a$ = konst. gleichmäßig beschleunigte Bewegung
$-a$ = konst. gleichmäßig verzögerte Bewegung
$+a \neq$ konst. ungleichmäßig beschleunigte Bewegung
$-a \neq$ konst. ungleichmäßig verzögerte Bewegung

Fundstellen:
AV § 14, AV § 52 (2) 4.
DIN 1301 (Einheiten; Teil 2, Nr. 2.25)
DIN 1304 (Allgemeine Formelzeichen; Nr. 2.25)
DIN 1305, DIN 5497
ISO 1000 Mai—1973 (E), Nr. 1—11.1

Brennwert und Heizwert
(Begriffe nach DIN 5499)

E heating power, calorific value
F pouvoir calorifique

Brennwert und Heizwert sind Reaktionsenergien (bei Verbrennung unter konstantem Volumen) oder Reaktionsenthalpien (bei Verbrennung unter konstantem Druck), die vom System abgegeben und deshalb mit einem negativen Vorzeichen versehen werden. Dabei wird grundsätzlich vorausgesetzt, daß die Temperatur der Reaktionsprodukte nach der Verbrennung gleich ist der Temperatur der an der Reaktion teilnehmenden Komponenten vor der Verbrennung.

SI-Einheit: J/kg, J/mol, J/m^3

weitere Einheiten (Auswahl): kJ/kg, kJ/mol, kJ/m^3

Erläuterungen: Die Differenz zwischen der Reaktionsenthalpie $(\Delta H)_R = H_2 - H_1$ und der Reaktionsenergie $(\Delta U)_R = U_2 - U_1$ ist gleich der bei der Verbrennung unter konstantem Druck p verrichteten Volumenarbeit (Gesamtvolumen V; der Index 2 bezieht sich auf den Zustand nach, der Index 1 auf den Zustand vor der Verbrennung):

$$(\Delta H)_R - (\Delta U)_R = p(V_2 - V_1) = p\Delta V.$$

Die Volumenarbeit kann aber bei den festen und flüssigen Anteilen meist vernachlässigt werden. Für die gasförmigen Komponenten darf die Zustandsgleichung des idealen Gases benutzt werden: dann gilt:

$$(\Delta H)_R - (\Delta U)_R = (n_2 - n_1)RT = \Delta n\, RT.$$

Dabei bedeuten:
R molare Gaskonstante
T Bezugstemperatur (thermodynamische Temperatur)
n_1 Stoffmenge der an der Verbrennung teilnehmenden gasförmigen Stoffe vor der Verbrennung
n_2 Stoffmenge der gasförmigen Verbrennungsprodukte

Anmerkung: In der Norm DIN 5499 werden Brennwert und Heizwert einheitlich durch $-(\Delta H)_R$ definiert. Die entsprechend den experimentellen Möglichkeiten für beide Größen geltenden speziellen Bedingungen und Beziehungen werden in den Abschnitten 2 und 3 näher festgelegt (siehe auch DIN 51900).

Formelzeichen: Feste und flüssige Brennstoffe
H_o spezifischer Brennwert (bisher „Verbrennungswärme" oder „oberer Heizwert" genannt), der Index o bedeutet den Buchstaben (nicht Ziffer Null)
$(H_o)_m$ molarer Brennwert
H_u spezifischer Heizwert (bisher „unterer Heizwert" genannt)
$(H_u)_m$ molarer Heizwert
Gasförmige Brennstoffe
$(H_o)_n$ Brennwert, bezogen auf das Normvolumen
$(H_u)_n$ Heizwert, bezogen auf das Normvolumen

Fundstellen: DIN 5499 (Brennwert und Heizwert; Begriffe), Januar 1972
DIN 51900, DIN 1343, DIN 1871

Dehnung

E linear strain, relative elongation
F dilation linéique relative

Die Dehnung, auch relative Längenänderung genannt, ist der Quotient aus der Längenänderung und der Ausgangslänge.

siehe auch: Länge, Längenänderung, Längen-Ausdehnungskoeffizient, Größenverhältnis u. a.

SI-Einheit:
m/m
(Meter durch Meter)

weitere Einheiten (Auswahl):
cm/m mm/m µm/m

In der älteren Literatur über Dehnungsmeßstreifen (DMS) ist noch die Einheit µD (Mikrodehnung) zu finden. Zukünftig sollte man Dehnungsangaben in µD vermeiden und Dehnungen in m/m, cm/m, mm/m oder µm/m angeben.

Beziehungen:

$1 \text{ cm/m} = 10^{-2} \text{ m/m} (= 10^{-2} = 0{,}01 = 1\%)$

$1 \text{ mm/m} = 10^{-3} \text{ m/m} (= 10^{-3} = 0{,}001 = 1°/_{00})$

$1 \text{ µm/m} = 10^{-6} \text{ m/m} (= 10^{-6} = 10^{-3} °/_{00} = 0{,}001°/_{00})$

$1 \text{ µD} = 1 \text{ µm/m} = 10^{-6} \text{ m/m} (= 0{,}001°/_{00})$

$1\,000 \text{ µD} = 10^3 \cdot 10^{-6} \text{ m/m} (= 10^{-3} = 1°/_{00})$

Anmerkung: Die Angaben in ( ) sind mathematisch richtig; m/m ist beim Rechnen als Verhältnis gleicher SI-Einheiten durch 1 ersetzbar. Die hier noch gebräuchlichen Bezeichnungen % (Prozent) und °/$_{00}$ (Promille) sollte man wegen der Verwechslung mit Toleranzangaben für Dehnungsangaben meiden. Die Zehnerpotenzen 10^{-6}, 10^{-3} und 10^{-2} sind zu bevorzugen.

Formelzeichen: ε (Dehnung), DIN 1304

Gleichungen:

$\varepsilon = \dfrac{\Delta l}{l_0}$; Δl Längenänderung, l_0 Ausgangslänge

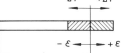

$\varepsilon = \dfrac{1}{k} \cdot \dfrac{\Delta R}{R} = \dfrac{\sigma}{E}$ Experimentelle Spannungsanalyse mittels Dehnungsmeßstreifen (DMS)

k k-Faktor des DMS, $\Delta R/R$ relative Widerstandsänderung des DMS, σ Spannung, E Elastizitätsmodul; $+\varepsilon$ = Dehnung, $-\varepsilon$ = Stauchung (siehe Festigkeitslehre).

Fundstellen:
DIN 1301, DIN 1302, DIN 1350
DIN 1304 (Allgemeine Formelzeichen; Nr. 3.24)
Druckschrift: Die DMS-Technik, Daten und Hilfsmittel.
Hottinger Baldwin Meßtechnik, Darmstadt 1970
VDE/VDI 2600: Metrologie (Meßkunde), Blatt 1...6, November 1973
VDE/VDI 2635: Dehnungsmeßstreifen mit metallischem Meßgitter, 1974
nicht ISO 1000—1973 (E)

Dichte

E density, mass density
F densité

Die Dichte ist der Quotient aus der Masse und dem Volumen.

siehe auch: Masse, Länge, Volumen, relative Dichte, Normdichte, Rohdichte, Schüttdichte, bezogene Größe u. a.

SI-Einheit:
kg/m^3
(Kilogramm durch Kubikmeter)

weitere Einheiten (Auswahl):
kg/dm^3 kg/l kg/cm^3 g/cm^3 g/l g/ml

Erklärung: 1 Kilogramm durch Kubikmeter ist gleich der Dichte eines homogenen Körpers, der bei der Masse 1 kg das Volumen 1 m³ einnimmt.

Beziehungen:
$1 \, kg/dm^3 = 10^3 \, kg/m^3 = 1 \, t/m^3 = 1 \, kg/l$
$ = 1 \, g/cm^3$
$1 \, kg/l = 10^3 \, kg/m^3$
$1 \, kg/cm^3 = 10^6 \, kg/m^3$
$1 \, g/cm^3 = 10^3 \, kg/m^3$
$1 \, g/l = 1 \, kg/m^3$
$1 \, g/ml = 1 \, kg/l = 10^3 \, kg/m^3 = 1 \, t/m^3$

Formelzeichen:
ϱ (Dichte), DIN 1304
ϱ_n (Dichte im Normzustand), Thermodynamik, DIN 1343

Gleichungen:
$\varrho = \dfrac{m}{V} = \dfrac{1}{v}$; m Masse, V Volumen, v spez. Volumen
[ϱ] = kg/m^3 u. a. (siehe oben)

$\varrho_n = \dfrac{m}{V_n}$; V_n Volumen im Normzustand
($t_n = 0 \, °C$, $p_n = 1{,}013 \, bar$)

Anmerkung: Als relative Dichte wird das Verhältnis der Dichte eines Stoffes zu der Dichte eines Bezugsstoffes unter anzugebenden Bedingungen verstanden (DIN 1306).

Fundstellen:
AV § 10
ST S. 627 (Begründung zu AV § 10)
DIN 1301 (Einheiten; Teil 2, Nr. 3.1)
DIN 1304 (Allgemeine Formelzeichen; Nr. 3.4)
DIN 1306 (Dichte; Begriffe)
DIN 1343 (Normzustand, Normvolumen)
DIN 5492 (Formelzeichen der Strömungsmechanik)
DIN 1952 (Durchflußmessung)
ISO 1000—1973 (E), Nr. 3—2.1

Drehzahl (Umdrehungsfrequenz)

E speed
F vitesse de rotation

Die Drehzahl (Umdrehungsfrequenz) ist gleich dem Kehrwert der Umlaufdauer.
siehe auch: Weg, Zeit, Geschwindigkeit, Drehgeschwindigkeit, Winkel, Winkelgeschwindigkeit, Kreisfrequenz u. a.

SI-Einheit:
1/s
(reziproke Sekunde)

weitere Einheiten:
1/min (reziproke Minute) = min^{-1}

Beziehungen: 1 min = 60 s
1/min = min^{-1} = 1/(60 s) = (1/60) s^{-1}

Umrechnungsfaktoren:

I	II
$60 \dfrac{\text{min}^{-1}}{\text{s}^{-1}}$	$\dfrac{1}{60} \dfrac{\text{s}^{-1}}{\text{min}^{-1}}$

Formelzeichen: n (Drehzahl), DIN 1304

Gleichungen: z. B. $n = \dfrac{1}{T}$; $T = \dfrac{s}{v} = \dfrac{2r\pi}{r\omega} = \dfrac{2\pi}{\omega}$

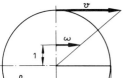

T Umlaufdauer (Zeit für einen Umlauf)
s Weg auf der Kreisbahn (ein Umlauf)
v Geschwindigkeit auf der Kreisbahn
ω Winkelgeschwindigkeit

z. B. bisher: $M = 716{,}2 \cdot \dfrac{P/\text{PS}}{n/\text{min}^{-1}}$ kp m;

neu: $M = 9\,560 \cdot \dfrac{P/\text{kW}}{n/\text{min}^{-1}}$ N m

M Moment (Drehmoment)
P Leistung, n Drehzahl
(zugeschnittene Größengleichung)

Anmerkung: Die technische Praxis und weitgehend auch das Schrifttum bevorzugten bisher U/min als Einheit für die Drehzahl (U = Umdrehung, als Abkürzung für den Vollwinkel 2 πrad). Da mit U eine Einheitenprobe und Abstimmung der Einheiten nicht möglich ist, sollte man die Einheit U/min nicht mehr verwenden. Bei der Benennung Drehzahl ist die Wortverbindung mit dem Wort Zahl nicht korrekt. Das Wort Zahl wird in Wortverbindungen benutzt, um das Verhältnis zweier Größen gleicher Art zu benennen (DIN 5485). Die Drehzahl der Technik ist aber ein Quotient aus zwei verschiedenen Größenarten.

Fundstellen: DIN 1301 (Einheiten; Teil 2, Nr. 2.14)
DIN 1304 (Allgemeine Formelzeichen; Nr. 2.14)
DIN 5497 (Mechanik, starre Körper, Formelzeichen)
nicht G und AV
nicht ISO 1000—1973 (E)

Druck

E pressure
F pression

Druck ist der Quotient aus der auf eine Fläche drükkenden Normalkraft und dieser Fläche.

Druck und mechanische Spannung sind Größen gleicher Art (daher gleiche SI-Einheit)

siehe auch: Kraft, Fläche, mechanische Spannung (Festigkeit)

SI-Einheit: weitere Einheiten (Auswahl):
Pa GPa MPa kPa mPa μPa usw.
(Pascal) GN/m^2 MN/m^2 kN/m^2 N/m^2 mN/m^2 usw.,

auch: bar (Bar), besonderer Name für den zehnten Teil des Megapascal (0,1 MPa); mit Vorsätzen, z. B. kbar, mbar, μbar.

nicht mehr: kp/cm^2, kp/m^2 usw., at (technische Atmosphäre), atm (physikalische Atmosphäre), Torr, mWS (Meter-Wassersäule), mmHg (Millimeter-Quecksilbersäule), dyn/cm^2.

Erklärung: 1 Pascal ist gleich dem auf eine Fläche gleichmäßig wirkenden Druck, bei dem senkrecht auf die Fläche 1 m² die Kraft 1 N ausgeübt wird.

Übergangs- p (Pond), at, atm, Torr, mWS, mmHg, dyn), alle bis zum 31. 12.
vorschriften: 1977 zugelassen

bis zum 31. 12. 1979 darf für den **Blutdruck** auch die folgende abgeleitete Einheit verwendet werden:
a) die konventionelle Millimeter-Quecksilbersäule (Einheitenzeichen: mmHg),
b) 1 mmHg ist gleich 133,322 Pa

Beziehungen: **1 Pa $= 1\ N/m^2 = 1\ kg/m\ s^2$**

a) Beziehungen der obigen Einheiten zur SI-Einheit:

1 GPa $= 10^9$ Pa $= 1\ GN/m^2$ $= 10^9\ N/m^2$
1 MPa $= 10^6$ Pa $= 1\ MN/m^2$ $= 10^6\ N/m^2$
1 kPa $= 10^3$ Pa $= 1\ kN/m^2$ $= 10^3\ N/m^2$
1 mPa $= 10^{-3}$ Pa $= 1\ mN/m^2$ $= 10^{-3}\ N/m^2$
1 μPa $= 10^{-6}$ Pa $= 1\ \mu N/m^2$ $= 10^{-6}\ N/m^2$
1 bar $= 0,1$ MPa $= 10^5$ Pa $= 0,1\ MN/m^2$
       $= 10^5\ N/m^2$ $= 1\ daN/cm^2$
1 mbar $= 10^{-3}$ bar $= 10^2$ Pa $= 10^2\ N/m^2$
1 μbar $= 10^{-6}$ bar $= 10^{-1}$ Pa $= 10^{-1}\ N/m^2$
1 at $= 1\ kp/cm^2$ $= 98\,066,5$ Pa $= 98\,066,5\ N/m^2$
1 atm $= 760$ Torr $= 101\,325$ Pa $= 101\,325\ N/m^2$
1 Torr $= 1$ atm/760 $= \dfrac{101\,325}{760}$ Pa $= \dfrac{101\,325}{760} N/m^2$
1 mWS $= 0,1$ at $= 9\,806,65$ Pa $= 9\,806,65\ N/m^2$
1 mmHg $= 1$ Torr $= 133,322$ Pa $= 133,322\ N/m^2$
1 dyn/cm^2 $= 10^{-5}\ N/cm^2$ $= 10^{-6}$ bar $= 1\ \mu$bar

b) weitere Beziehungen für Fachgebiete, in denen die Druckeinheit bar bevorzugt wird:

$1 \text{ at} = 1 \text{ kp/cm}^2 = 735,6 \text{ Torr} = 10^4 \text{ kp/m}^2$
$= 10 \text{ mWS} = 10^5 \text{ Pa} = 10^5 \text{ N/m}^2 = 1 \text{ daN/cm}^2$
$= 0,980\,665 \text{ bar} \approx 1 \text{ bar} = 10^3 \text{ mbar}$

$1 \text{ atm} = 760 \text{ Torr} = 1,033 \text{ kp/cm}^2$
$\dot= 1,033 \cdot 10^4 \text{ kp/m}^2$
$= 10,33 \text{ mWS} = 1,013\,25 \text{ bar} \approx 1013 \text{ mbar}$

$1 \text{ Torr} = \dfrac{1}{760} \text{ atm} = 1,333\,224 \text{ mbar}$
$\approx 1,333 \text{ mbar}$

$1 \text{ mWS} = 0,1 \text{ at} = 0,1 \text{ kp/cm}^2 = 10^3 \text{ kp/m}^2$
$= 0,098\,0665 \text{ bar} \approx 0,1 \text{ bar}$
$= 98,0665 \text{ mbar} \approx 100 \text{ mbar}$

$1 \text{ mmWS} = 1 \text{ kp/m}^2 = 10^{-4} \text{ at} = 10^{-3} \text{ mWS}$
$= 10 \text{ Pa} = 10 \text{ N/m}^2 = 0,098\,0665 \text{ mbar}$
$\approx 0,1 \text{ mbar} = 100 \text{ μbar}$

$1 \text{ mmHg} = 1 \text{ Torr} = 1,333\,224 \text{ mbar} \approx 1,333 \text{ mbar}$

Umrechnungsfaktoren:

I	II
z. B. $0,981 \dfrac{\text{bar}}{\text{at}}$	$1,02 \dfrac{\text{at}}{\text{bar}}$

Fachgebiete: Gase, Dämpfe, Flüssigkeiten (Fluide): bar
Wärmetechnik: bar (nach Bedarf mit Vorsätzen)
Wasserdampftafel: bar (Ausgabe A), at (Ausgabe B)
Meteorologie: mbar, Luftdruck: mbar, bar
Vakuumtechnik: μbar, mbar
Akustik: μbar
Normdruck: $p_n = 1,013\,25 \text{ bar} (= 760 \text{ Torr})$

Gleichung: $p = F_N/A$; F_N Normalkraft, A Fläche

Formelzeichen: p (Druck), DIN 1304, DIN 1314
p_n (Druck im Normzustand, Normdruck), DIN 1343
bisher: $p_ü$ (Überdruck), p_u (Unterdruck), p_b (Luftdruck); DIN 1314, Dezember 1971
neu: p_{abs} (absoluter Druck), p_{amb} (Atmosphärendruck), p_e (Überdruck, mit Vorzeichen!!); DIN 1314, Februar 1977

Anmerkung: Ausführungsverordnung, ISO 1000 und DIN 1301 verwenden eine unterschiedliche Rangordnung bei den SI-Einheiten für Drucke und mechanische Spannungen:
AV § 20, $[p] = [\sigma] = $ Pa,
ISO 1000, $[p] = $ Pa, $[\sigma] = $ Pa oder N/m²
DIN 1301, $[p] = [\sigma] = $ N/m², Pa.

bisher!! (alt): Unterdruck p_u ist gleich Bezugsdruck, vermindert um den wirkenden Druck. Der Bezugsdruck kann fest oder veränderlich sein. Häufig ist der Bezugsdruck gleich dem Atmosphärendruck (Luftdruck, Barometerstand, p_b).
Überdruck $p_ü$ ist Druck, vermindert um den wirkenden Bezugsdruck.

Vergleiche: **alt** DIN 1314 **neu** DIN 1314
Dez. 1971 Febr. 1977

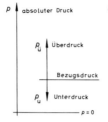
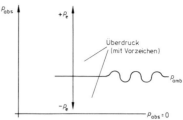

neu:
DIN 1314
Febr. 1977

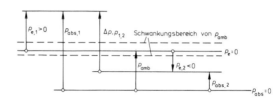

Größen, Gleichungen:	p_{abs} absoluter Druck (Absolutdruck)
	p_{amb} Atmosphärendruck (absolut)
	$\Delta p = p_1 - p_2$ Druckdifferenz (als Meßgröße auch Differenzdruck $p_{1,2}$ genannt)
	$p_e = p_{abs} - p_{amb}$ Überdruck (mit Vorzeichen!!, wie beim Celsius-Thermometer)

Anmerkungen: 1 bisher: Überdruck; neu: positiver Überdruck ($+p_e$)
bisher: Unterdruck; neu: negativer Überdruck ($-p_e$)
Das Wort „Unterdruck" darf nicht mehr als Benennung einer Größe, sondern nur noch für die qualitative Bezeichnung eines Zustandes verwendet werden. Beispiele: „Unterdruckkammer", „im Saugrohr herrscht ‚Unterdruck'". In Wortzusammensetzungen mit Überdruck darf der Wortteil „über" entfallen, wenn die zugehörige Größe eindeutig als Überdruck definiert ist. Beispiele: Berstdruck, Reifendruck.
2 Bereich unterhalb p_{amb} wird auch Vakuumbereich genannt. In der Vakuumtechnik wird stets der absolute Druck angegeben.
3 Indizes: abs von absolutus (lat.) losgelöst, unabhängig
amb von ambiens (lat.) umgebend
e von excedens (lat.) überschreitend

Beispiele: alt!! DIN 1314 neu!!
$p_ü = 20$ bar $p_e = 20$ bar
$p_u = 0{,}3$ bar $p_e = -0{,}3$ bar
(Vorzeichen im Index) (Vorzeichen sichtbar)

Fundstellen: AV § 20, ST S.629 (Begründung zu AV § 20), DIN 1301 (Teil 2, Nr. 3.18)
DIN 1304 (Allgemeine Formelzeichen; Nr. 3.18)
DIN 1314 (Druck; Grundbegriffe, Einheiten)
DIN 1343 (Normzustand, Normvolumen)
DIN 28402 (Vakuumtechnik)
ISO 1000-1973(E), Nr. 3-11.1.

55

Einheiten

(Einheitennamen, Einheitenzeichen), siehe DIN 1301, Teil 1

Begriff:
: Aus jeder Menge derjenigen Größen, die durch Messung miteinander vergleichbar sind, kann je ein Größenwert als Bezugsgröße herausgegriffen und als **Einheit** benutzt werden; so stellen z.B. 1 m, 1 s, 1 km/h eine ganz bestimmte Länge, Zeit oder Geschwindigkeit dar. Einheiten dienen zur quantitativen Festlegung anderer Größen gleicher Art mittels der Gleichung:
Größe (Größenwert) = Zahlenwert · Einheit

Basiseinheiten:
: Die sieben SI-Basiseinheiten sind: m (Meter), kg (Kilogramm), s (Sekunde), A (elektrische Stromstärke), K (Kelvin), mol (Mol), cd (Candela).
Eine Basiseinheit ist eine aus der Menge der Größen gleicher Dimension bezüglich ihres Größenwertes ausgewählte und festgelegte Größe (siehe DIN 1313).

Beispiel:
: $[l]_{SI} = m$ (Aussprache: SI-Einheit der Länge gleich Meter)
$[l] = mm$, cm, m, km u.a. (sind alle gesetzlich)
Einheiten dürfen nicht in Klammern gesetzt werden,
nicht [m/s], nicht (m/s),
nicht $v = 25$ [m/s], sondern $v = 25$ m/s.

Einheitenzeichen (Schreibweise):
: In der Regel Kleinbuchstaben, z.B. m (Meter), g (Gramm), außer wenn der Einheitenname von einem Eigennamen abgeleitet ist (z.B. K (Kelvin)). Einheitenzeichen werden ohne Rücksicht auf die im übrigen Text verwendete Schriftart senkrecht (gerade) wiedergegeben; sie stehen in Größenangaben nach dem Zahlenwert, wobei ein Abstand zwischen Zahlenwert und Einheit einzuhalten ist.

Produkte: Produkte von Einheiten werden auf eine der folgenden Arten dargestellt:
N · m, N m

Beim Gebrauch eines Einheitenzeichens, das einem Vorsatzzeichen gleich ist, muß eine Verwechslung besonders sorgfältig vermieden werden. Die Einheit Newtonmeter für das Drehmoment zum Beispiel sollte N m oder m · N geschrieben werden, aber nicht m N, um eine Verwechslung mit Millinewton (mN) auszuschließen.

Quotienten: Quotienten von Einheiten werden auf eine der folgenden Arten dargestellt:
$\frac{m}{s}$ oder m/s oder durch Schreiben des Potenzproduktes m · s^{-1}

Ein schräger Bruchstrich (wie z. B. in m/s) sollte nur dann mehr als einmal in derselben Zeile verwendet werden, wenn durch Klammern Mehrdeutigkeit vermieden wird. Zum Beispiel soll die SI-Einheit der Wärmeleitfähigkeit nicht W/K/m, sondern
$W \cdot K^{-1} \cdot m^{-1}$ oder $\frac{W}{K \cdot m}$ oder W/(K · m)
geschrieben werden.

EDV:
: Über maschinelle Wiedergabe von Einheitenzeichen und Vorsatzzeichen auf Datenverarbeitungsanlagen mit beschränktem Schriftzeichenvorrat siehe DIN 66030.

Fundstellen:
: DIN 1301 Teil 2 (Einheiten; Einheitennamen, Einheitenzeichen), Februar 1978
ISO 1000 „SI units and recommendations for the use of their multiples and of certain other units" (First edition – 1973)

Einheiten

(Allgemein angewendete Teile und Vielfache), DIN 1301, Teil 2

Zweck der Norm: Um dem Benutzer der Norm die Auswahl der Einheiten zu erleichtern, werden für in Naturwissenschaft und Technik häufig verwendete Größen die SI-Einheiten, weitere Einheiten und Beispiele für die Auswahl von Einheiten mit Vorsätzen für dezimale Teile und Vielfache angegeben. Die Auswahl soll keine Einschränkung bedeuten, sondern soll helfen, gleichartige Größen in den verschiedenen Bereichen der Technik in gleicher Weise anzugeben. Für einige Anwender (zum Beispiel in Forschung und Lehre) wird eine größere Freiheit in der Auswahl von dezimalen Teilen und Vielfachen der SI-Einheiten angebracht sein, als aus der Einheitentabelle zu entnehmen ist.

Struktur der Einheitentabelle:

Beispiele:

1	2	3	4	5	6	7
				Einheiten außerhalb des SI		
Nr nach DIN 1304	Größe	SI-Einheit	ausgewählte dezimale Teile und Vielfache der SI-Einheit	Einheit	ausgewählte dezimale Teile und Vielfache der Einheiten aus Spalte 5	Bemerkungen und Information über Einheiten für spezielle Anwendungsbereiche

Länge:

| 1.5 | Länge | m (Meter) | nm, µm, mm, cm, km | | | Die internationale Seemeile wird in der Luft- und Seefahrt verwendet. 1 internationale Seemeile = 1852 m |

Geschwindigkeit:

| 2.23 | Geschwindigkeit | m/s | | m/h | km/h | 1 Knoten = 1 Seemeile/Stunde = 0,514 m/s; 1 km/h = $\frac{1}{3,6}$ m/s |

Kraft:

| 3.10 | Kraft | N (Newton) | µN, mN, kN, MN | | | siehe DIN 1305 |

elektrische Ladung:

| 4.1 | elektrische Ladung | C (Coulomb) | pC, nC, µC, mC, kC | | | Die Amperestunde (Einheitenzeichen: A · h) wird bei Akkumulatoren verwendet. 1 A · h = 3,6 kC siehe DIN 1324 |

thermodynamische Temperatur:

| 5.1 | T, Θ | Temperatur, thermodynamische Temperatur | | | | K |

Temperaturdifferenz:

| 5.2 | $\Delta T = \Delta t = \Delta \vartheta$ | Temperaturdifferenz | | | | K |

Celsius-Temperatur:

| 5.3 | t, ϑ | Celsius-Temperatur | | | | °C | $t = T - T_0$, $T_0 = 273,15$ K |

| 6.12 | Stoffmenge | mol (Mol) | µmol, mmol, kmol | | | |

Anmerkung: Gliederung der Einheitentabelle in die Gruppen Länge, Zeit und Raum, Mechanik, Elektrizität und Magnetismus, Thermodynamik und Wärmeübertragung, Physikalische Chemie und Molekularphysik, Licht und verwandte elektromagnetische Strahlungen, Kernreaktionen, Akustik

Fundstellen: DIN 1301, Teil 2, Februar 1978
ISO 1000—1973

Elektrische Feldstärke

E electric field strength
F gradient de potential

siehe auch: elektrische Spannung, Länge, Kraft, Elektrizitätsmenge u. a.

SI-Einheit:
V/m
(Volt durch Meter)

weitere Einheiten (Auswahl):
MV/m kV/m mV/m μV/m
V/cm V/mm

Erklärung: 1 Volt durch Meter ist gleich der elektrischen Feldstärke eines homogenen elektrischen Feldes, in dem die Potentialdifferenz zwischen zwei Punkten im Abstand 1 m in Richtung des Feldes 1 V beträgt.

Beziehungen:
$1 \text{ V/m} = 1 \text{ N/C} = 10^{-2} \text{ V/cm}$

$1 \text{ MV/m} = 10^6 \text{ V/m}$

$1 \text{ kV/m} = 10^3 \text{ V/m}$

$1 \text{ mV/m} = 10^{-3} \text{ V/m}$

$1 \text{ μV/m} = 10^{-6} \text{ V/m}$

$1 \text{ V/cm} = 10^2 \text{ V/m}$

$1 \text{ V/mm} = 10^3 \text{ V/m} = 1 \text{ kV/m}$

siehe auch: $1 \dfrac{V}{m} = 1 \dfrac{W}{A\,m}$
(DIN 1357)

$= 1 \dfrac{W\,s}{A\,s\,m} = 1 \dfrac{J}{A\,s\,m} = 1 \dfrac{N\,m}{A\,s\,m}$

$= 1 \dfrac{N}{A\,s}$

Formelzeichen: E (elektrische Feldstärke), DIN 1304

Fundstellen:
AV § 31
ST S. 631 (Begründung zu AV § 31)
DIN 1301 (Einheiten; Teil 2, Nr. 4.11)
DIN 1304 (Allgemeine Formelzeichen; Nr. 4.11)
DIN 1324 (Elektrisches Feld, Begriffe)
DIN 1357 (Einheiten elektrischer Größen)
ISO 1000—1973 (E), Nr. 5—5.1

Elektrische Flußdichte (Verschiebung)

E electric displacement
F déplacement électrique

siehe auch: Elektrizitätsmenge (elektrische Ladung), elektrische Stromstärke, Zeit, Fläche u. a.

SI-Einheit:
C/m^2
(Coulomb durch Quadratmeter)

weitere Einheiten (Auswahl):
MC/m^2 kC/m^2 mC/m^2 $\mu C/m^2$
C/cm^2 C/mm^2

Erklärung: 1 Coulomb durch Quadratmeter ist gleich der elektrischen Flußdichte oder Verschiebung in einem Plattenkondensator, dessen beide im Vakuum parallel zueinander angeordnete, unendlich ausgedehnte Platten je Fläche 1 m² gleichmäßig mit der Elektrizitätsmenge 1 C aufgeladen wären.

Beziehungen:
$1 \, C/m^2 = 1 \, A\,s/m^2$
$1 \, MC/m^2 = 10^6 \, C/m^2$
$1 \, kC/m^2 = 10^3 \, C/m^2$
$1 \, mC/m^2 = 10^{-3} \, C/m^2$
$1 \, \mu C/m^2 = 10^{-6} \, C/m^2$
$1 \, C/cm^2 = 10^4 \, C/m^2$
$10^{-4} \, C/cm^2 = 1 \, C/m^2$
$1 \, C/mm^2 = 10^6 \, C/m^2 = 1 \, MC/m^2$
$1 \, Ah/m^2 = 3600 \, C/m^2$

Umrechnungsfaktoren:

I
z. B. $10^4 \, \dfrac{C/m^2}{C/cm^2}$

II
$\dfrac{1}{10^4} \, \dfrac{C/cm^2}{C/m^2} = 10^{-4} \, \dfrac{C/cm^2}{C/m^2}$

Formelzeichen: D (elektrische Flußdichte, elektrische Verschiebung), DIN 1304

Fundstellen:
AV § 30
ST S. 630 (Begründung zu AV § 30)
DIN 1301 (Einheiten; Teil 2, Nr. 4.6)
DIN 1304 (Allgemeine Formelzeichen; Nr. 4.6)
DIN 1324 (Elektrisches Feld, Begriffe)
DIN 1357 (Einheiten elektrischer Größen)
ISO 1000—1973 (E), Nr. 5—7.1

Elektrische Kapazität

E capacitance
F capacité

SI-Einheit: F (Farad)	siehe auch: elektrische Ladung, elektrische Spannung, elektrische Feldkonstante, elektrische Stromstärke u. a. weitere Einheiten (Auswahl): mF µF nF pF auch noch F_{abs} (absolutes Farad; Abkürzung: abs. F) für F (Farad) auch noch F_{int} (internationales Farad; Abkürzung int. F)
Erklärung:	1 Farad ist gleich der elektrischen Kapazität eines Kondensators, der durch die Elektrizitätsmenge 1 C auf die elektrische Spannung 1 V aufgeladen wird.
Übergangs- vorschriften:	F_{abs} (abs. F), bis zum 31. 12. 1974 im amtlichen Verkehr für F (Farad) zugelassen F_{int} (int. F), bis zum 31. 12. 1974 im amtlichen Verkehr zugelassen
Beziehungen:	$1\ F = 1\ C/V$ $1\ mF = 10^{-3}\ F = 10^{-3}\ C/V$ $1\ \mu F = 10^{-6}\ F = 10^{-6}\ C/V$ $1\ nF = 10^{-9}\ F = 10^{-9}\ C/V$ $1\ pF = 10^{-12}\ F = 10^{-12}\ C/V$ siehe auch: $1\ F = 1\ \dfrac{C}{V} = 1\ \dfrac{A\,s}{V} = 1\ \dfrac{A^2\,s}{W}$ (DIN 1357) $\qquad\qquad\qquad = 1\ \dfrac{A^2\,s^2}{W\,s} = 1\ \dfrac{A^2\,s^2}{J} = 1\ \dfrac{A^2\,s^2}{N\,m}$ $1\ F_{abs} = 1\ F$ $1\ F_{int} = \dfrac{1}{1{,}000\,49}\ F$
Formelzeichen:	C (elektrische Kapazität), DIN 1304
Fundstellen:	AV § 29, AV § 51 (1) 5., AV § 53 6. DIN 1301 (Einheiten; Teil 2; Nr. 4.12) DIN 1304 (Allgemeine Formelzeichen; Nr. 4.12) DIN 1357 (Einheiten elektrischer Größen) DIN 4897 (Elektrische Energieversorgung, Formelzeichen) ISO 1000—1973 (E), Nr. 5—11.1

Elektrischer Leitwert

E conductance F conductance électrique	siehe auch: elektrischer Widerstand, elektrische Stromstärke, elektrische Spannung, elektrische Leitfähigkeit, Konduktanz, Äquivalent-Leitfähigkeit u. a.
SI-Einheit: S (Siemens)	weitere Einheiten (Auswahl): kS mS µS *nicht* mehr zugelassen: mho für $1/\Omega$ (reziprokes Ohm) (die Einheit mho war bisher in den USA für den elektrischen Leitwert üblich)
Erklärung:	1 Siemens ist gleich dem elektrischen Leitwert eines Leiters vom elektrischen Widerstand 1 Ω
Beziehungen:	$1\ S = 1/\Omega = \Omega^{-1}$ $\qquad = 1\ A/V$ $1\ kS = 10^3\ S = 10^3\ A/V$ $1\ mS = 10^{-3}\ S = 10^{-3}\ A/V$ $1\ \mu S = 10^{-6}\ S = 10^{-6}\ A/V$ $1\ mho = 1/\Omega \quad = 1\ S$
Formelzeichen:	G (elektrischer Leitwert, Wirkleitwert, Konduktanz), DIN 1304
Gleichungen:	$G = \dfrac{1}{R}$; R elektrischer Widerstand
Fundstellen:	AV § 27 ST S. 630 (Begründung zu AV § 27) DIN 1301 (Einheiten; Teil 2; Nr. 4.38) DIN 1304 (Allgemeine Formelzeichen; Nr. 4.38) DIN 1324 (Elektrisches Feld, Begriffe) DIN 1357 (Einheiten elektrischer Größen) ISO 1000—1973 (E), Nr. 5—42.1

Elektrische Spannung (elektrische Potentialdifferenz)

E electric potential
F tension électrique

SI-Einheit: V (Volt)	siehe auch: Leistung, elektrische Stromstärke, Zeit u. a. weitere Einheiten (Auswahl): MV kV mV µV auch noch V_{abs} (absolutes Volt; Abkürzung: abs. V) für V (Volt) auch noch V_{int} (internationales Volt; Abkürzung int. V)
Erklärung:	1 Volt ist gleich der elektrischen Spannung oder elektrischen Potentialdifferenz zwischen zwei Punkten eines fadenförmigen, homogenen und gleichmäßig temperierten metallischen Leiters, in dem bei einem zeitlich unveränderlichen elektrischen Strom der Stärke 1 A zwischen den beiden Punkten die Leistung 1 W umgesetzt wird.
Übergangs- vorschriften:	V_{abs} (abs. V), bis zum 31. 12. 1974 im amtlichen Verkehr für V (Volt) zugelassen V_{int} (int. V), bis zum 31. 12. 1974 im amtlichen Verkehr zugelassen
Beziehungen:	$1\ V = 1\ W/A$ Die SI-Einheit V (Volt) der elektrischen Spannung wird aus den Basiseinheiten definiert durch die Gleichung: $$1\ V = 1\ \frac{kgm^2}{A\ s^3}$$ Es ist demnach: $1\ VAs = 1\ J$ $1\ MV = 10^6\ V$ $1\ kV = 10^3\ V$ $1\ mV = 10^{-3}\ V$ $1\ \mu V = 10^{-6}\ V$ siehe auch: $1\ V = 1\ \frac{W}{A}$ (DIN) 1357) $= 1\ \frac{W\ s}{A\ s} = 1\ \frac{J}{A\ s} = 1\ \frac{N\ m}{A\ s}$ $1\ V_{abs} = 1\ V$ $1\ V_{int} = 1,00034\ V$
Formelzeichen:	U (elektrische Spannung, elektrische Potentialdifferenz), DIN 1304
Fundstellen:	AV § 25, ST S. 630 (Begründung zu AV § 25) AV § 51 (1) 3., AV § 53 4. DIN 1301 (Einheiten; Teil 2, Nr. 4.10) DIN 1304 (Allgemeine Formelzeichen; Nr. 4.10) DIN 1323 (Elektrische Spannung, ..., Begriffe) DIN 1324, DIN 1357 DIS 1000—1973 (E), Nr. 5—6.1

Elektrische Stromstärke *(Basisgröße)*

E electric current
F intensité de courant

siehe auch: elektrische Spannung, elektrischer Widerstand, Zeit, Energie, Leistung u. a.

SI-Einheit:
A
(Ampere)
Basiseinheit

weitere Einheiten (Auswahl):
kA mA µA nA pA
auch noch A_{abs} (absolutes Ampere; Abkürzung: abs. A) für A (Ampere)
auch noch A_{int} (internationales Ampere; Abkürzung: int. A)
nicht mehr zugelassen:
Bi (Biot) für 10 A (die Einheit Biot diente früher zur Beseitigung der Nachteile des elektromagnetischen CGS-Systems)

Definition:

1 Ampere ist die Stärke eines zeitlich unveränderlichen elektrischen Stromes, der, durch zwei im Vakuum parallel im Abstand 1 m voneinander angeordnete, geradlinige, unendlich lange Leiter von vernachlässigbar kleinem, kreisförmigem Querschnitt fließend, zwischen diesen Leitern je 1 m Leiterlänge elektrodynamisch die Kraft $2 \cdot 10^{-7}$ N hervorrufen würde.

Übergangs-
vorschriften:

A_{abs} (abs. A), bis zum 31. 12. 1974 im amtlichen Verkehr für A (Ampere) zugelassen

A_{int} (int. A), bis zum 31. 12. 1974 im amtlichen Verkehr zugelassen

Beziehungen:

1 kA $= 10^3$ A
1 mA $= 10^{-3}$ A
1 µA $= 10^{-6}$ A
1 nA $= 10^{-9}$ A
1 pA $= 10^{-12}$ A
10^3 mA $= 1000$ mA $= 1$ A
1 A_{abs} $= 1$ A
1 A_{int} $= 0,99985$ A
1 Bi $= 10$ A (siehe oben!!)

Formelzeichen:

I (elektrische Stromstärke), DIN 1304

Gleichungen:
(Auswahl)

$I = \dfrac{U}{R}$ (OHM-Gesetz),

I elektr. Stromstärke
U elektr. Spannung
R elektr. Widerstand

Fundstellen:

9. Generalkonferenz für Maß und Gewicht, 1948
G § 3 (1) 4., G § 3 (5), AV § 51 (1) 2., AV § 53 3.
ST S. 421...423 (amtliche Begründung zu G § 3 (1) 4.)
DIN 1301 (Einheiten; Teil 2, Nr. 4.17)
DIN 1304 (Allgemeine Formelzeichen; Nr. 4.17)
DIN 1324 (Elektrisches Feld, Begriffe)
DIN 1339, DIN 1357
ISO 1000—1973 (E), Nr. 5—1.1

Elektrischer Widerstand

E resistance
F résistance électrique

siehe auch: elektrische Stromstärke, elektrische Spannung, Zeit, Leistung, Energie u. a.

SI-Einheit:
Ω
(Ohm)

weitere Einheiten (Auswahl):
TΩ GΩ MΩ kΩ mΩ µΩ
auch noch Ω_{abs} (absolutes Ohm; Abkürzung: abs. Ω) für Ω (Ohm)
auch noch Ω_{int} (internationales Ohm; Abkürzung int. Ω)

Erklärung:
1 Ohm ist gleich dem elektrischen Widerstand zwischen zwei Punkten eines fadenförmigen, homogenen und gleichmäßig temperierten metallischen Leiters, durch den bei der elektrischen Spannung 1 V zwischen den beiden Punkten ein zeitlich unveränderlicher elektrischer Strom der Stärke 1 A fließt.

Übergangsvorschriften:
Ω_{abs} (abs.Ω), bis zum 31. 12. 1974 im amtlichen Verkehr für Ω (Ohm) zugelassen
Ω_{int} (int.Ω), bis zum 31. 12. 1974 im amtlichen Verkehr zugelassen

Beziehungen:
$1\ \Omega = 1\ V/A = 1/S$
$1\ M\Omega = 10^6\ \Omega$
$1\ k\Omega = 10^3\ \Omega$
$1\ m\Omega = 10^{-3}\ \Omega$
siehe auch: $1\ \Omega = 1\ \frac{V}{A} = 1\ \frac{W}{A^2}$
(DIN 1357)
$= 1\ \frac{Ws}{A^2 s} = 1\ \frac{J}{A^2 s} = 1\ \frac{Nm}{A^2 s}$
$1\ \Omega_{abs} = 1\ \Omega$
$1\ \Omega_{int} = 1{,}000\ 49\ \Omega$

Formelzeichen:
R (elektrischer Widerstand, Wirkwiderstand, Resistanz), DIN 1304

Gleichungen:
(Auswahl)

$R = \dfrac{U}{I}$ (OHM-Gesetz).

R elektr. Widerstand
U elektr. Spannung
I elektr. Stromstärke

Fundstellen:
AV § 26
ST S. 630 (Begründung zu AV § 26)
AV § 51 (1) 4., AV § 53 5.
DIN 1301 (Einheiten; Teil 2, Nr. 4.37)
DIN 1304 (Allgemeine Formelzeichen; Nr. 4.37)
DIN 1324 (Elektrisches Feld, Begriffe), DIN 1357
ISO 1000—1973 (E), Nr. 5—41.1

Elektrizitätsmenge (elektrische Ladung)

E quantity of electricity
F quantité d'électricité

siehe auch: elektrische Stromstärke, Zeit, Piezoelektrizität u. a.

SI-Einheit:
C
(Coulomb)

weitere Einheiten (Auswahl):
kC µC nC pC
A h (Amperestunde), A s (Amperesekunde)

nicht mehr zugelassen:
Fr (Franklin) für $\frac{1}{3} 10^{-9}$ C (die Einheit Franklin diente früher zur Beseitigung der Nachteile des elektrostatischen CGS-Systems)

Erklärung: 1 Coulomb ist gleich der Elektrizitätsmenge, die während der Zeit 1 s bei einem zeitlich unveränderlichen elektrischen Strom der Stärke 1 A durch den Querschnitt eines Leiters fließt.

Beziehungen:
1 C   = 1 A s
1 kC = 10^3 C
1 µC = 10^{-6} C
1 nC = 10^{-9} C
1 pC = 10^{-12} C
1 A h = 3600 A s = 3600 C
     = 3,6 kA s = 3,6 kC

1 Fr = $\frac{1}{3} 10^{-9}$ C = $\frac{1}{3} 10^{-9}$ A s

Formelzeichen: Q (Elektrizitätsmenge, Ladung), DIN 1304

Fundstellen:
AV § 28
ST S. 630 (Begründung zu AV § 28)
DIN 1301 (Einheiten; Teil 2, Nr. 4.1)
DIN 1304 (Allgemeine Formelzeichen; Nr. 4.1)
DIN 1324 (Elektrisches Feld, Begriffe)
DIN 1357 (Einheiten elektrischer Größen)
ISO 1000—1973 (E), Nr. 5—2.1

Energie
E energy
F énergie

Energie, Arbeit und Wärmemenge sind Größer gleicher Art (daher gleiche SI-Einheit).
siehe auch: Arbeit, Wärme (Wärmemenge), Kraft, Länge, Zeit, Leistung

SI-Einheit: J (Joule, Aussprache: „djul")

weitere Einheiten (Auswahl):
TJ GJ MJ kJ mJ
auch: kN m N m mN m usw. (siehe Arbeit)
auch: W s kW h usw. (siehe Arbeit, elektrische)
atomphysikalische Einheit der Energie ist das Elektronvolt (Einheitenzeichen: eV); mit Vorsätzen, z. B. MeV.
auch noch: erg (Erg), dyn (Dyn), kp m, kcal

Erklärung: 1 Joule ist gleich der Arbeit, die verbraucht wird, wenn der Angriffspunkt der Kraft 1 N in Richtung der Kraft um 1 m verschoben wird.

Übergangsvorschriften: erg (Erg), dyn (Dyn), p (Pond), cal (Kalorie), alle bis zum 31. 12. 1977 zugelassen

Beziehungen:
1 J = 1 N m = 1 W s = 1 kg m^2/s^2
1 TJ = 10^{12} J
1 GJ = 10^9 J
1 MJ = 10^6 J = 10^3 kJ
1 kJ = 10^3 J; 1 W · h = 3,6 kJ
1 mJ = 10^{-3} J
1 MeV = 10^6 eV
1 eV = 1,602 19 · 10^{-19} J
1 kcal = 4,186 8 kJ ≈ 4,2 kJ
1 kcal = 426,8 kp m
1 erg = 1 dyn cm = 10^{-7} J = 1 g cm^2/s^2

Umrechnungsfaktoren:

	I	II
z. B.	4,2 $\frac{J}{cal}$	0,24 $\frac{cal}{J}$

Formelzeichen: E, W (Energie), DIN 1304, DIN 1345

Anmerkung: Energie ist gespeicherte Arbeit oder Arbeitsfähigkeit. Da Energie ein Arbeitsvermögen darstellt, so wird sie auch in den gleichen Einheiten gemessen wie die Arbeit (z. B. bisher in erg oder kp m; neuerdings in J oder N m oder W s, alle mit Vorsätzen).
Ein Körper kann eine potentielle Energie (Energie der Lage) oder eine kinetische Energie (Bewegungsenergie) besitzen.
Wärme ist Bewegungsenergie der Moleküle.

Fundstellen:
AV § 23, ST S. 630 (Begründung zu AV § 23)
DIN 1301 (Einheiten; Teil 2, Nr. 3.40)
DIN 1304 (Allgemeine Formelzeichen; Nr. 3.40)
ISO 1000—1973 (E), Nr. 3—22.1

Energiedosis, Äquivalentdosis

E absorbed dose
F dose absorbée

	Die Energiedosis (Äquivalentdosis) ist der Quotient aus der absorbierten Energie und der Masse.
SI-Einheit: Gy (Gray)	weitere Einheiten (Auswahl): Gy mit Vorsätzen auch noch: rd (Rad) als besonderer Name für das Zentigray (Einheitenzeichen: cGy), und rem (Rem) bei der Angabe von Werten der Äquivalentdosis als besonderer Name für das Zentijoule durch Kilogramm (Einheitenzeichen: cJ/kg).
	Abgeleitete Einheiten der Energiedosis sind auch alle Quotienten, die aus einer gesetzlichen Energieeinheit und einer gesetzlichen Masseneinheit gebildet werden. Die abgeleitete SI-Einheit der Äquivalentdosis im Sinne eines für Strahlenschutzzwecke verwendeten Produktes aus der Energiedosis und einem dimensionslosen Bewertungsfaktor ist das Joule durch Kilogramm (Einheitenzeichen: J/kg). Abgeleitete Einheiten der Äquivalentdosis sind auch alle anderen Quotienten, die aus einer gesetzlichen Energieeinheit und einer gesetzlichen Masseneinheit gebildet werden.
Erklärung:	1 Gray ist gleich der Energiedosis, die bei der Übertragung der Energie 1 J auf homogene Materie der Masse 1 kg durch ionisierende Strahlung einer räumlich konstanten spektralen Energiefluenz entsteht.
Übergangsvorschriften:	rd (Rad) bis zum 31. 12. 1985 zugelassen rem (Rem) bis zum 31. 12. 1985 zugelassen

Beziehungen:

$1\,\text{Gy} = 1\,\text{J/kg} = 1\,\text{Ws/kg}$

$1\,\text{J/t} = 10^{-3}\,\text{J/kg} = 1\,\text{Ws/t} = 10^{-3}\,\text{Ws/kg}$

$1\,\text{J/g} = 10^{3}\,\text{J/kg} = 1\,\text{Ws/g} = 10^{3}\,\text{Ws/kg}$

$1\,\mu\text{J/g} = \dfrac{10^{-6}\,\text{J}}{\text{g}\cdot 10^{-3}\,\text{kg/g}} = 10^{-3}\,\text{J/kg}$

$1\,\text{rd} = 10^{-2}\,\text{Gy} = 1\,\text{cGy}$

$1\,\text{rem} = 10^{-2}\,\text{J/kg} = 1\,\text{cJ/kg}$

Formelzeichen: D Energiedosis, DIN 1304, DIN 6814

Fundstellen:
AV § 41, AV § 51 (2) 11, AV 2. Verordnung § 41
ST S. 632 (Begründung zu AV § 41)
DIN 1301 (Einheiten; Teil 2, Nr. 9.46)
DIN 1304 (Allgemeine Formelzeichen; Nr. 9.46)
DIN 6814 (Begriffe und Benennungen der radiologischen Technik; Teil 3)
DIN 6847 (Elektronenbeschleuniger-Anlagen in der Medizin)
DIN 53 750 (Werkstoffprüfung: Verfahren zur Bestrahlung mit energiereichen Strahlen)

Energiedosisrate (Energiedosisleistung), Äquivalentdosisrate (Äquivalentdosisleistung)

E absorbed dose rate
F débit de dose absorbée

SI-Einheit: Gy/s (Gray durch Sekunde)	Die Energiedosisrate (Energiedosisleistung usw.) ist der Quotient aus der Energiedosis und der zugehörigen Zeit. weitere Einheiten (Auswahl): Gy/s, mit Vorsätzen W/kg, mit Vorsätzen auch noch: rd/s (Rad/Sekunde), rem/s (Rem/Sekunde)

Abgeleitete Einheiten der Energiedosisrate oder -leistung sind auch alle anderen Quotienten, die aus einer gesetzlichen Einheit der Energiedosis und einer gesetzlichen Zeiteinheit gebildet werden.
Die abgeleitete SI-Einheit der Äquivalentdosisrate oder -leistung ist das Watt durch Kilogramm (Einheitenzeichen: W/kg).
Abgeleitete Einheiten der Äquivalentdosisrate oder -leistung sind auch alle anderen Quotienten, die aus einer gesetzlichen Einheit der Äquivalentdosis und einer gesetzlichen Zeiteinheit gebildet werden.

Erklärung: 1 Gray durch Sekunde ist gleich der Energiedosisrate oder -leistung, bei der durch eine ionisierende Strahlung zeitlich unveränderlicher Energieflußdichte die Energiedosis 1 Gy während der Zeit 1 s entsteht.

Übergangsvorschriften: siehe Energiedosis
rd und rem bis zum 31. 12. 1985 zugelassen

Beziehungen:

$1 \text{ Gy/s} = 1 \text{ W/kg} = 1 \text{ J/(kg} \cdot \text{s)}$

$1 \text{ mW/g} = 1 \text{ W/kg}$

$1 \text{ }\mu\text{W/g} = \dfrac{10^{-6} \text{ W}}{\text{g} \cdot 10^{-3} \text{ kg/g}} = 10^{-3} \text{ W/kg}$

$1 \text{ J/g s} = \dfrac{1 \text{ W s}}{\text{g} \cdot \text{s} \cdot 10^{-3} \text{ kg/g}} = 10^{3} \text{ W/kg}$

$1 \text{ J/g min} = \dfrac{1}{60} \cdot 10^{3} \text{ W/kg}$

$1 \text{ J/kg h} = \dfrac{1 \text{ W s}}{\text{kg} \cdot \text{h} \cdot 3600 \text{ s/h}} = \dfrac{1}{3600} \text{ W/kg}$

$1 \text{ rd/s} = 0{,}01 \text{ W/kg} = 1 \text{ cW/kg}$

$1 \text{ rem/s} = 0{,}01 \text{ W/kg} = 1 \text{ cW/kg}$

Formelzeichen: $\dot{D}$ (Energiedosisrate, Energiedosisleistung), DIN 6814 Teil 3, DIN 1304 Allgemeine Formelzeichen, Nr. 9.47

Anmerkung: Bei der obigen Größe handelt es sich nicht um Leistungen im Sinne der Größe Leistung (Energiestrom, Wärmestrom). Die Benennungen mit -rate sind deshalb zu bevorzugen (DIN 1301).

Fundstellen: AV § 42, AV 2. Verordnung § 42
ST S. 632 (Begründung zu AV § 42)
DIN 1301, DIN 1304, DIN 6814 (Teil 3), DIN 54 115 (Teil 3)

Entropie

E entropy
F entropie

Die Größe Entropie erlaubt eine mathematische Formulierung des 2. Hauptsatzes der Wärmelehre.
Entropie und Wärmekapazität sind Größen gleicher Art (daher gleiche SI-Einheit).

SI-Einheit: J/K (Joule durch Kelvin)

weitere Einheiten (Auswahl):
GJ/K MJ/K kJ/K
nicht mehr: Gcal/K   Mcal/K   kcal/K   cal/K
              Gcal/grd Mcal/grd kcal/grd cal/grd
nicht mehr zugelassen: Cl (Clausius) für cal/grd
(cal/°K)

Übergangsvorschriften:
grd (Grad), bis zum 31. 12. 1974 zugelassen
cal (Kalorie), bis zum 31. 12. 1977 zugelassen

Beziehungen:

$$\left. \begin{array}{l} 1\ \text{cal} = 4{,}187\ \text{J} \approx 4{,}2\ \text{J} \\ 1\ \text{kcal} = 4{,}187\ \text{kJ} \approx 4{,}2\ \text{kJ} \end{array} \right\} \text{siehe Wärme}$$

1 GJ/K = 10^9 J/K = 10^6 kJ/K
1 MJ/K = 10^6 J/K = 10^3 kJ/K
1 kJ/K = 10^3 J/K

1 Gcal/K = 1 Gcal/grd = 10^9 cal/K = 10^9 cal/grd
                     = 10^6 kcal/K = 10^6 kcal/grd
         $\approx 4{,}2 \cdot 10^6$ kJ/K = 4,2 GJ/K

1 Mcal/K = 1 Mcal/grd = 10^6 cal/K = 10^6 cal/grd
                     = 10^3 kcal/K = 10^3 kcal/grd
         $\approx 4{,}2 \cdot 10^3$ kJ/K = 4,2 MJ/K

1 kcal/K = 1 kcal/grd = 4 187 J/K $\approx$ **4,2 kJ/K**
1 cal/K = 1 cal/grd = 4,187 J/K $\approx$ **4,2 J/K**
1 Cl = 1 cal/grd = 1 cal/°K

Umrechnungsfaktoren:

I: $4{,}2\ \dfrac{\text{kJ/K}}{\text{kcal/grd}}$ II: $0{,}24\ \dfrac{\text{kcal/grd}}{\text{kJ/K}}$

Formelzeichen:
S (Entropie), DIN 1304
S_m (molare Entropie), DIN 1345; $[S_m]$ = J/(mol · K)
s (spezifische Entropie), DIN 1345; $[s]$ = J/(kg · K)

Gleichungen: $S_m = S/n$; $s = S/m$; n Stoffmenge; m Masse

Anmerkung: Praktische Anwendungen der Zustandsgröße Entropie z. B. in T,s-Diagrammen (Wärmediagrammen) und h,s-Diagrammen.

Fundstellen:
DIN 1301 (Einheiten; Teil... Nr. 5.23)
DIN 1304 (Allgemeine Formelzeichen; Nr. 5.23)
DIN 1345 (Thermodynamik, Formelzeichen, Einheiten)
ISO 1000—1973 (E), Nr. 4—13.1

Fläche

E area
F aire, superficie

siehe auch: Länge, Druck, mechanische Spannung (Festigkeit), flächenbezogene Masse u. a.

SI-Einheit:
m^2
(Quadratmeter, Meter hoch zwei, Meterquadrat)

weitere Einheiten (Auswahl):
km^2 dm^2 cm^2 mm^2

a (Ar), ha (Hektar), nur für Grund- und Flurstücke

auch noch: ft^2 (das square foot), für die Angaben der Fläche von gegerbten Häuten

auch noch: b (Barn), nur zur Angabe des Wirkungsquerschnitts von Teilchen in der Atom- und Kernphysik

nicht mehr zugelassen:
Morgen für 0,255 ... 0,388 ha

Erklärung: 1 Quadratmeter ist gleich der Fläche eines Quadrates von der Seitenlänge 1 m

Übergangsvorschriften:
ft^2 (square foot) bis zum 31. 12. 1974 zugelassen
b (Barn) bis zum 31. 12. 1977 zugelassen
Abkürzungen qm qkm qdm qcm qmm
für die Einheitenzeichen
m^2 km^2 dm^2 cm^2 mm^2
bis zum 31. 12. 1974 zugelassen

Beziehungen:
1 km^2 = 10^6 m^2
1 dm^2 = 10^{-2} m^2 = 10^2 cm^2
1 cm^2 = 10^{-4} m^2 = 10^2 mm^2
1 mm^2 = 10^{-6} m^2 = 10^{-2} cm^2
1 a = 10^2 m^2 = 100 m^2
1 ha = 10^4 m^2 = 100 a = 10 000 m^2
1 ft^2 = 0,092 903 04 m^2
1 b = 10^{-28} m^2 = 10^{-24} cm^2

Formelzeichen:
A, S (Fläche, Flächeninhalt, Oberfläche), DIN 1304
S, q (Querschnitt, Querschnittsfläche), DIN 1304

Fundstellen:
AV § 3, AV § 52 (1), AV § 54 (1)
ST S. 626, S. 635, S. 637 (Begründung zu AV § 3, § 52, 54)
DIN 1301 (Einheiten; Teil 2, Nr. 1.14)
DIN 1304 (Allgemeine Formelzeichen; Nr. 1.14, Nr. 1.15)
ISO 1000—1973 (E), Nr. 1—4.1

Frequenz (Periodenfrequenz)

E frequency
F fréquence

Die Frequenz (Periodenfrequenz) ist gleich dem Kehrwert der Periodendauer (Schwingungsdauer).
siehe auch: Zeit, Periodendauer, Umdrehungsfrequenz, Kreisfrequenz, Winkelfrequenz, u. a.

SI-Einheit: weitere Einheiten (Auswahl):
Hz THz GHz MHz kHz
(Hertz)

Erklärung: 1 Hertz ist gleich der Frequenz eines periodischen Vorganges der Periodendauer 1 s.

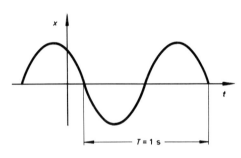

Beziehungen: $1\,\text{Hz} = 1/\text{s} = \text{s}^{-1}$
Beim Rechnen ist zur Abstimmung und zum Kürzen von Einheiten an Stelle von Hz die Einheit s^{-1} zu setzen.

$1\,\text{THz} = 10^{12}\,\text{Hz} = 10^{12}\,\text{s}^{-1}$
$1\,\text{GHz} = 10^{9}\,\text{Hz} = 10^{9}\,\text{s}^{-1}$
$1\,\text{MHz} = 10^{6}\,\text{Hz} = 10^{6}\,\text{s}^{-1}$
$1\,\text{kHz} = 10^{3}\,\text{Hz} = 1000\,\text{Hz} = 1000\,\text{s}^{-1}$

Formelzeichen: f, ν (Frequenz) DIN 1304

Gleichungen: z. B. $f = \dfrac{1}{T}$; f Frequenz, T Schwingungsdauer
λ Wellenlänge
$\lambda = \dfrac{c}{f}$; c Fortpflanzungsgeschwindigkeit

Fundstellen: AV § 12
DIN 1301 (Einheiten; Teil 2, Nr. 2.4)
DIN 1304 (Allgemeine Formelzeichen; Nr. 2.4)
DIN 1311 (Schwingungslehre)
DIN 5497 (Mechanik, starre Körper, Einheiten)
ISO 1000—1973 (E), Nr. 2—3.1

Geschwindigkeit
E velocity
F vitesse

Die Geschwindigkeit ist der Quotient aus der Wegänderung und dem zugehörigen Zeitintervall.
siehe auch: Länge (Weg), Zeit, Drehgeschwindigkeit, Umlaufgeschwindigkeit, Winkelgeschwindigkeit u. a.

SI-Einheit:
m/s
(Meter durch Sekunde)

weitere Einheiten (Auswahl):
km/h (Kilometer durch Stunde,
   nicht „Stundenkilometer")
knot (Knoten), in der Seefahrt
nicht mehr zugelassen:
M (Mach) für etwa 340 m/s = 1200 km/h

Erklärung: 1 Meter durch Sekunde ist gleich der Geschwindigkeit eines sich gleichförmig und geradlinig bewegenden Körpers, der während der Zeit 1 s die Strecke 1 m zurücklegt.

Beziehungen:

$$1 \text{ km/h} = \frac{1}{3,6} \text{ m/s}$$

1 knot = 0,514 444 m/s (ISO 1000)
1 knot = 1 sm/h = 1,852 km/h
     = 1 852 m/h

Umrechnungsfaktoren:

	I	II
z. B.	$3,6 \dfrac{\text{km/h}}{\text{m/s}}$	$\dfrac{1}{3,6} \dfrac{\text{m/s}}{\text{km/h}}$

Formelzeichen: v (Geschwindigkeit), DIN 1304, DIN 5492, DIN 5497

Gleichungen:
(Auswahl)

$v, u = \dfrac{ds}{dt} = \dot{s}$ (allgemeingültig)

$v = \dfrac{s}{t}$; mittlere Geschwindigkeit auf gerader Bahn
   s Weg, t Zeit für Weg s

$v = \dfrac{d\pi}{T} = \dfrac{d\pi n}{z}$; Umfangsgeschwindigkeit (Kreisbahn)
   d Durchmesser der Kreisbahn
   T Umlaufdauer, n Drehzahl
   z Zahl der Umläufe ($z = T \cdot n$)

$Ma = \dfrac{w}{c}$; Mach-Zahl, DIN 5492
   w Geschwindigkeit, c Schallgeschwindigkeit

Fundstellen:
AV §13
ST S. 628 (Begründung zu AV § 13)
DIN 1301 (Einheiten; Teil 2, Nr. 2.23)
DIN 1304 (Allgemeine Formelzeichen; Nr. 2.23)
DIN 5492 (Formelzeichen der Strömungsmechanik)
DIN 5497 (Mechanik, starre Körper; Formelzeichen)
ISO 1000—1973 (E), Nr. 1—10.1

Gewicht

E weight
F poids

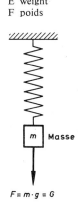

$F = m \cdot g = G$

$F_1 \cdot l_1 = F_2 \cdot l_2$
$m_1 g l_1 = m_2 g l_2$
$m_1 = m_2 \dfrac{l_2}{l_1}$

Anmerkung:

Fundstellen:

Das Wort „Gewicht" wird bisher vorzugsweise in zweierlei Bedeutung gebraucht:

a) als Größe von der Art einer *Kraft* im Sinne des NEWTON-Gesetzes

$F = m \cdot g = G;$ F Kraft, m Masse,
g örtliche Fallbeschleunigung,
G Gewicht (Gewichtskraft).

Bei dieser Ausdeutung empfiehlt DIN 1305 die Verwendung des Wortes Gewichtskraft (weightforce) an Stelle von Gewicht.

Diese Größe wird in Krafteinheiten angegeben.

Meßtechnisch ist dieser Sachverhalt mittels Federwaage darstellbar. Die angehängte Masse m bewirkt in jedem Schwerefeld eine Auslenkung der Feder. Bei Gleichgewicht wird die Federkraft (Kraft auf die Aufhängung bzw. Unterlage) durch das NEWTON-Gesetz (siehe oben) als Produkt aus der Masse und der örtlichen Fallbeschleunigung angegeben.

b) als Größe von der Art einer *Masse* bei der Angabe von Mengen im Sinne eines Wägeergebnisses.

Diese Größe wird in Masseneinheiten angegeben.

Bei einer Balkenwaage sind nach dem Herstellen des Gleichgewichtes die Kraftmomente links und rechts vom Drehpunkt entgegengesetzt gleich. Da die örtliche Fallbeschleunigung g sich aus der Gleichung herauskürzt, läuft dieses Verfahren auf einen Massenvergleich hinaus, ein Verfahren, daß im Gegensatz zum Sachverhalt bei a) ortsunabhängig ist.

Entgegen laufenden Bestrebungen besteht kein echtes Bedürfnis dafür, das Wort „Gewicht" als Synonym für „Masse" einzuführen. Die Unterscheidung der Größenarten „Masse" — SI-Einheit: kg (Kilogramm) — und „Kraft" — SI-Einheit: N (Newton) — im Sinne des NEWTON-Gesetzes wurde in den meisten Physikbüchern der Universitäten und Gymnasien sehr schnell zutreffend dargestellt.

Auch die Konstrukteure haben keine Schwierigkeiten, eine an einem Kranhaken hängende Masse in ihrer Wirkung auf den Kranträger in eine Kraft umzurechnen und damit die Festigkeitsrechnung durchzuführen (siehe Rechenbeispiel S. 126). In einem weitergehenden Lernprozeß wird auch der größte Teil der Bevölkerung es lernen, Massen als Massen und Kräfte als Kräfte zu bezeichnen.

Technisch und physikalisch ist die Doppeldeutigkeit des Wortes „Gewicht" nicht haltbar. Da im Wort „Gewichtskraft" der entscheidende Wortanteil die „Kraft" ist, hält es der Verfasser für überlegenswert, ob man auf das Wort „Gewicht" nicht ganz verzichten kann. Falls das Wort Gewicht beibehalten wird, so sollte man eine Deutung nur gemäß Sachverhalt nach a) zulassen.

AV § 7 (4), AV § 19 (3)
DIN 1301, DIN 1304, DIN 1305
WENINGER, J.: Gewicht: Kraft oder Masse?
siehe [23] A...Z: S. 69 (Kraft), S. 81 (Masse)

Größen

Zweck der Norm: Allgemeine Formelzeichen, DIN 1304

Die in der Norm DIN 1304 aufgeführten Benennungen der Größen dienen nur zur Erläuterung der Formelzeichen, die hier genormt werden.

Anwendungsregeln:

Regel 1: Entsprechend DIN 1338 sind alle Formelzeichen im Druck kursiv (schräg) und alle Einheitenzeichen senkrecht (gerade) zu setzen.

Regel 2: Wenn für eine Größe mehrere Zeichen angeführt sind, empfiehlt der AEF, das an erster Stelle stehende — meist international empfohlene — Zeichen zu bevorzugen.

Regel 3: Ist für zwei Größen verschiedener Art der gleiche Buchstabe festgelegt und kein geeignetes Ausweichzeichen vorhanden, so kann für eine der beiden Größen eine besondere Schriftform dieses Buchstabens benutzt werden. Es kann aber auch von Groß- auf Kleinbuchstaben oder umgekehrt ausgewichen werden, wenn keine Verwechslungen möglich sind (z. B. *L* als Ausweichzeichen für Längen, *a* für Flächen, *V* für Fluggeschwindigkeit, *q* für elektrische Ladung, wenn *l*, *A*, *v* und *Q* jeweils in anderer Bedeutung gebraucht werden).

Regel 4: Sollen besondere Zustände gekennzeichnet oder Oberbegriffe unterteilt werden, für die jeweils das gleiche Formelzeichen festgelegt ist, so können die Formelzeichen Indizes erhalten (siehe Abschnitt 11). Es ist anzustreben, daß die Unterscheidung durch Indizes nur auf Größen gleicher oder ähnlicher Art beschränkt bleibt.

Regel 5: Nicht zu empfehlen sind Formelzeichen, die aus mehreren Buchstaben bestehen, da sie als Produkte mehrerer Größen mißdeutet werden könnten. Ausnahmen sind die Kenngrößen, z. B. *Re*, *Nu*, *Pe*, *Pr*, *Le*, *Sc*, *Eu*, *Fr* und *Ma* nach DIN 1341, DIN 5491, DIN 5492.

Regel 6: Für die Einheitennamen und Einheitenzeichen gilt DIN 1301 Teil 1, für die Kennzeichnung zeitabhängiger Größen DIN 5483, für die mathematischen Zeichen DIN 1302, für Tensoren (Vektoren) DIN 1303 und für Matrizen DIN 5486.

Regel 7: Anstelle der in der Spalte „SI-Einheit" genannten Einheiten können auch andere in DIN 1301 genormte Einheiten benutzt werden. Die angeführten SI-Einheiten dienen nur der Veranschaulichung.

Regel 8:
Struktur der Tabellen:
Beispiele:
Zeit:

Für Bücher und umfangreiche Fachaufsätze wird empfohlen, die benutzten Formelzeichen und deren Bedeutung in einer Liste zusammenzustellen.

Nr	Formelzeichen	Bedeutung	SI-Einheit	Bemerkung
2.1	t	Zeit, Zeitspanne, Dauer	s	
2.2	T	Periodendauer, Schwingungsdauer	s	

Mechanik:

3.1	m	Masse, Gewicht als Wägeergebnis	kg	siehe DIN 1305
3.2	m'	längenbezogene Masse, Massenbelag, Massenbehang	kg/m	$m' = m/l$
3.3	m''	flächenbezogene Masse, Massenbedeckung	kg/m^2	$m'' = m/A$
3.4	ϱ, ϱ_m	Dichte, volumenbezogene Masse	kg/m^3	$\varrho = m/V$, siehe DIN 1306

Fundstellen: DIN 1304 Allgemeine Formelzeichen, Februar 1978
ISO 31 „Quantities and Units", Teile I ... X
IEC-Publication 27—1 „Letter symbols to be used in electrical technology"

Größen und Gleichungen (Grundbegriffe, Regeln)

siehe auch: DIN 1313 (Physikalische Größen und Gleichungen; Begriffe, Schreibweisen)

Physikalische Größe: Größen (phys. Größen) beschreiben qualitativ und quantitativ physikalische Phänomene (Körper, Vorgänge, Zustände). Jeder spezielle Wert einer Größe (Größenwert, in der Meßtechnik Meßwert genannt) kann als Produkt geschrieben werden:

Größenwert: (Größe)
Größenwert = Zahlenwert · Einheit
Beispiel $l = 1{,}80$ m   spezieller Wert einer Länge
$l = \{l\} [l]$ $\{\}$ bedeutet Zahlenwert der Größe
[ ] bedeutet Einheit der Größe
$\{l\} = 1{,}80$
$[l] = $ m

Invarianzgesetz: Ein Größenwert ist invariant gegen einen Einheitenwechsel. Zahlenwert und Einheit eines Größenwertes verhalten sich wie die Faktoren eines konstanten Produktes gegenläufig.

$$v = \frac{18 \text{ km}}{15 \text{ min}} = 1{,}2 \frac{\text{km}}{\text{min}} = \frac{18 \text{ km}}{0{,}25 \text{ h}} = 72 \frac{\text{km}}{\text{h}}$$

$$= \frac{18\,000 \text{ m}}{15 \text{ min}} = 1200 \frac{\text{m}}{\text{min}} = \frac{18\,000 \text{ m}}{900 \text{ s}} = 20 \frac{\text{m}}{\text{s}}$$

Dimension: Die Dimension einer Größe erhält man durch Weglassen aller numerischen Faktoren einschließlich des Vorzeichens, des evtl. Vektor- oder Tensorcharakters sowie aller Sachbezüge.
Beispiel: Länge, Breite, Höhe, Durchmesser haben alle die Dimension Länge.
Zeichen: „dim" (senkrecht) vor dem Formelzeichen

dim l für die Dimension Länge

Der Begriff Dimension deckt sich nicht mit dem Begriff Einheit. Das Gleichsetzen von Dimension und Einheit ist daher nicht richtig. Mit Hilfe von Dimensionen lassen sich qualitative Aussagen, mit Hilfe von Einheiten zusätzlich quantitative Aussagen machen. Die Verwendung von eckigen Klammern für die Darstellung von Dimensionen (Dimensionsprodukten) ist unzulässig.
A Größe Fläche, $[A]$ Einheit beliebigen Betrages der Größe Fläche, dim A Dimension der Größe Fläche.

Schreibweisen: (Beispiele)

	I		oder	II
	$A = a \cdot b$	Fläche	dim $A = $ dim (l, l)	dim $A = \mathsf{L}^1 \mathsf{L}^1 = \mathsf{L}^2$
	$v = \dfrac{s}{t}$	Geschwindigkeit	dim $v = $ dim $(l\,t^{-1})$	dim $v = \mathsf{L}\,\mathsf{T}^{-1}$
	$F = m \cdot a$	Kraft	dim $F = $ dim $(l\,m\,t^{-2})$	dim $F = \mathsf{L}\,\mathsf{M}\,\mathsf{T}^{-2}$

L von Länge,
M von Masse,
T von Zeit (Tempus);
Schrift Grotesk, steil

Größen und Gleichungen (Fortsetzung)

Größengleichung: In Größengleichungen werden die Beziehungen zwischen Größen dargestellt. Größengleichungen gelten unabhängig von der Wahl der Einheiten. Bei der Auswertung sind die Produkte aus Zahlenwerten und Einheiten einzusetzen.
Beispiel: Weg-Zeit-Gesetz $v = s/t$

a) $s = 450$ m $\quad t = 30$ s $\quad v = \dfrac{450 \text{ m}}{30 \text{ s}} = 15$ m/s

b) $s = 0{,}45$ km $\quad t = \dfrac{1}{120}$ h $\quad v = \dfrac{0{,}45 \text{ km}}{(1/120) \text{ h}} = 54$ km/h
$\qquad\qquad\qquad\qquad\qquad\qquad\qquad\quad = 15$ m/s

Die zwei Ergebnisse sind wegen 1 h = 60 min = 3600 s und 1 km = 1000 m einander gleich.

zugeschnittene Größengleichung: Die zugeschnittene Größengleichung unterscheidet sich von der Größengleichung dadurch, daß jede Größe durch die ihr zugeordnete Einheit auftritt.

Beispiel: $\dfrac{v}{\text{km/h}} = 3{,}6 \dfrac{s/m}{t/s}$

Einheitengleichung: Eine Einheitengleichung gibt die Beziehungen zwischen Einheiten an

Beispiele: 1 N = 1 m · kg · s^{-2}; 1 m = 100 cm

Aus diesen Beziehungen lassen sich die Faktoren für Umrechnungen ermitteln.

Zahlenwertgleichung: Zahlenwertgleichungen geben die Beziehungen zwischen Zahlenwerten an. Stets ist die Angabe der zu benutzenden Einheiten erforderlich.

Beispiele:

I $\{V\} = 1000 \{l\} \{b\} \{h\}$ $\qquad \{V\}$ in l; $\{l\}, \{b\}, \{h\}$ in m

II $\dfrac{V}{l} = 1000 \dfrac{l}{m} \cdot \dfrac{b}{m} \cdot \dfrac{h}{m}$ $\qquad$ ohne Erläuterungen vollständig

III $V = 1000\, l \cdot b \cdot h$ $\qquad V$ in l; l, b, h in m

Übergang auf andere Einheiten: Will man eine Größe G, die in der Einheit $[G]_a$ angegeben ist, in die Einheit $[G]_b$ umrechnen, so gilt die Gleichung:
$G = \{G\}_a [G]_a = \{G\}_b [G]_b$

Beispiel: $\lambda = 50 \dfrac{\text{kcal}}{\text{m} \cdot \text{h} \cdot \text{grd}}$ Wärmeleitfähigkeit (Rotguß)

1 kcal = 4186,8 W s; 1 h = 3600 s; 1 grd = 1 K

$\lambda = 50 \dfrac{4186{,}8 \text{ W s}}{\text{m} \cdot 3600 \text{ s} \cdot \text{K}} = 58{,}15 \dfrac{\text{W}}{\text{m} \cdot \text{K}}$

(oder: Umrechnen durch Erweitern mit den Umrechnungsfaktoren)

Fundstellen: DIN 1313 (Physikalische Größen und Gleichungen; Begriffe, Schreibweisen)

Induktivität (magnetischer Leitwert)

E self inductance
F inductance (perméance)

siehe auch: magnetischer Fluß, elektrische Stromstärke, elektrische Spannung, Zeit u. a.

SI-Einheit:
H
(Henry)

weitere Einheiten (Auswahl):
mH μH nH pH
auch noch: H_{abs} (absolutes Henry; Abkürzung: abs. H) für H (Henry)
auch noch: H_{int} (internationales Henry; Abkürzung int. H)

Erklärung: 1 Henry ist gleich der Induktivität einer geschlossenen Windung, die, von einem elektrischen Strom der Stärke 1 A durchflossen, im Vakuum den magnetischen Fluß 1 Wb umschlingt.

Übergangsvorschriften: H_{abs} (abs. H), bis zum 31. 12. 1974 im amtlichen Verkehr für H (Henry) zugelassen

H_{int} (int. H), bis zum 31. 12. 1974 im amtlichen Verkehr zugelassen

Beziehungen:
$$1\ H = \frac{1\ Wb}{1\ A} = 1\ \frac{Wb}{A} = 1\ \frac{V\ s}{A}$$

$1\ mH = 10^{-3}\ H = 10^{-3}\ Wb/A = 10^{-3}\ V\ s/A$

$1\ \mu H = 10^{-6}\ H = 10^{-6}\ Wb/A = 10^{-6}\ V\ s/A$

$1\ nH = 10^{-9}\ H = 10^{-9}\ Wb/A = 10^{-9}\ V\ s/A$

$1\ pH = 10^{-12}\ H = 10^{-12}\ Wb/A = 10^{-12}\ V\ s/A$

siehe auch: $1\ H = 1\ \frac{Wb}{A} = 1\ \frac{V\ s}{A}$

(DIN 1339, DIN 1357) $= 1\ \frac{W\ s}{A^2} = 1\ \frac{J}{A^2} = 1\ \frac{N\ m}{A^2}$

$1\ H_{abs} = 1\ H$
$1\ H_{int} = 1,00049\ H$

Formelzeichen: L, L_{mn} (Induktivität, Selbstinduktivität, gegenseitige Induktivität); DIN 1304, Nr. 4.27
Λ (magnetischer Leitwert, Permeanz); DIN 1304, Nr. 4.36

Fundstellen: AV § 34, AV § 51 (1) 6, AV § 53 7.
DIN 1301 (Einheiten; Teil 2, Nr. 4.27 und 4.36)
DIN 1304 (Allgemeine Formelzeichen; Nr. 4.27 und 4.36)
DIN 1325 (Magnetisches Feld; Begriffe)
DIN 1339 (Einheiten magnetischer Größen)
DIN 1357 (Einheiten elektrischer Größen)
DIN 40 121 (Elektromaschinenbau; Formelzeichen)
ISO 1000—1973 (E), Nr. 5—27.1

Ionendosis

E ion dose
F dose ionique

Die Ionendosis ist der Quotient aus der elektrischen Ladung und der Masse.

siehe auch:

SI-Einheit:
C/kg
(Coulomb durch Kilogramm)

weitere Einheiten (Auswahl):
µC/kg C/g mC/g A h/kg A s/g

auch noch: R (Röntgen), besonderer Name für das 258fache des Mikrocoulomb durch Kilogramm.

Erklärung: 1 Coulomb durch Kilogramm ist gleich der Ionendosis, die bei der Erzeugung von Ionen eines Vorzeichens mit der elektrischen Ladung 1 C in Luft der Masse 1 kg durch ionisierende Strahlung räumlich konstanter Energieflußdichte entsteht.

Übergangsvorschriften: R (Röntgen), bis zum 31. 12. 1985 zugelassen

Beziehungen:

$1 \text{ C/kg} = 1 \text{ A s/kg}$

$1 \text{ µC/kg} = 10^{-6} \text{ C/kg}$

$1 \text{ C/g} = 10^3 \text{ C/kg} = 1 \text{ kC/kg}$

$1 \text{ mC/g} = 1 \text{ C/kg}$

$1 \text{ A h/kg} = \dfrac{1 \text{ A} \cdot \text{h} \cdot 3600 \text{ s/h}}{\text{kg}} = 3600 \text{ A s/kg}$
$= 3600 \text{ C/kg}$

$1 \text{ A s/g} = 1 \text{ C/g} = 10^3 \text{ C/kg} = 1 \text{ kC/kg}$

$1 \text{ R} = 258 \text{ µC/kg} = 258 \cdot 10^{-6} \text{ C/kg}$
$= \dfrac{258}{1\,000\,000} \text{ C/kg}$

Formelzeichen: J (Ionendosis), DIN 1304

Fundstellen: AV § 43, AV § 51 (2) 12,
AV 2. Verordnung, Absatz (3) 3.
ST S. 632 (Begründung zu AV § 43)
DIN 1301 (Einheiten; Teil 2, Nr. 9.54)
DIN 1304 (Allgemeine Formelzeichen; Nr. 9.54)
DIN 6814 (Begriffe und Benennungen in der radiologischen Technik; Teil 3)

Ionendosisrate, Ionendosisleistung

E ion dose rate
F débit de dose ionique

Die Ionendosisrate (Ionendosisleistung) ist der Quotient aus der Ionendosis und der zugehörigen Zeit.
siehe auch: Ionendosis, Zeit, Energieflußdichte, Strahlung, Dosimetrie u. a.

SI-Einheit:
A/kg
(Ampere durch Kilogramm)

weitere Einheiten (Auswahl):
μA/g mA/g A/g C/g s

Erklärung: 1 Ampere durch Kilogramm ist gleich der Ionendosisrate oder -leistung, bei der durch eine ionisierende Strahlung zeitlich unveränderlicher Energieflußdichte die Ionendosis 1 C/kg während der Zeit 1 s entsteht.

Beziehungen:

1 A/kg = 1 C/kg s (aus 1 C = 1 A s)

$$1\ \mu A/g = \frac{10^{-6}\ A}{g \cdot 10^{-3}\ kg/g} = 10^{-3}\ A/kg$$
$$= 1\ mA/kg$$

1 mA/g = 1 A/kg

1 A/g = 10^3 A/kg = 1 kA/kg

$$1\ C/g\,s = \frac{1\ A \cdot s}{g \cdot s \cdot 10^{-3}\ kg/g} = 10^3\ A/kg = 1\ kA/kg$$
$$= 1\ A/g$$

Formelzeichen: $\dot{J}$ (Ionendosisrate, Ionendosisleistung), DIN 1304

Anmerkung: Bei der obigen Größe handelt es sich nicht um Leistungen im Sinne der Größen Leistung (Energiestrom, Wärmestrom). Die Benennungen mit -rate sind deshalb zu bevorzugen (DIN 1301).

Fundstellen:
AV § 44
ST S. 632 (Begründung zu AV § 44)
DIN 1301 (Einheiten; Teil 2, Nr. 9.55)
DIN 1304 (Allgemeine Formelzeichen; Nr. 9.55)
DIN 6814 (Begriffe und Benennungen der radiologischen Technik; Teil 3)

Kraft
E force
F force

SI-Einheit:	weitere Einheiten (Auswahl):
N	MN kN daN mN µN
(Newton;	auch noch: dyn (Dyn), p (Pond)
Aussprache:	
„njuten")	

Erklärung: 1 Newton ist gleich der Kraft, die einem Körper der Masse 1 kg die Beschleunigung 1 m/s² erteilt.

Übergangs-
vorschriften: dyn (Dyn), bis zum 31. 12. 1977 zugelassen
p (Pond), bis zum 31. 12. 1977 zugelassen

Beziehungen:

$F = 1\,N \rightarrow \bigcirc\!\!\!\!{\scriptstyle m=1\,kg} \rightarrow a = 1\,\tfrac{m}{s^2}$

$1\,N = 1\,kg\,m/s^2$
$1\,MN = 10^6\,N = 10^3\,kN$
$1\,kN = 10^3\,N$
$1\,daN = 10\,N$
$1\,mN = 10^{-3}\,N$
$1\,\mu N = 10^{-6}\,N$
$1\,dyn = 1\,g\,cm/s^2 = 10^{-5}\,N$
$1\,N = 10^5\,dyn$
$1\,p = 9{,}806\,65\,g\,m/s^2 \approx 10^{-2}\,N = 0{,}01\,N$
$1\,kp = 9{,}806\,65\,N \approx 10\,N = 1\,daN$
$1\,Mp = 10^6\,p = 10^3\,kp = 9806{,}65\,N \approx 10\,kN$

Umrechnungs-
faktoren:

            I   II

z. B. $9{,}81\,\dfrac{N}{kp}$ $0{,}102\,\dfrac{kp}{N}$

Formelzeichen:
F (Kraft), DIN 1304
F_N Normalkomponente einer Kraft
F_{rad} Radialkomponente einer Kraft

Gleichung: $F = m \cdot a$; m Masse, a Beschleunigung
(NEWTON-Gesetz)

Anmerkung: Einheiten des Gewichts als Kraftgröße (Gewichtskraft G) im Sinne des Produktes aus Masse (m) und Fallbeschleunigung (g) sind die Krafteinheiten (AV § 19 (3)). Leider läßt der Gesetzgeber die nach seiner Ansicht im geschäftlichen Verkehr weitgehend gebräuchliche Bezeichnung „Gewicht" für die Größe Masse auch weiterhin zu (AV § 8 (4)). Diese Doppeldeutigkeit des Wortes „Gewicht" ist physikalisch nicht tragbar und muß durch weitere Überlegungen beseitigt werden.

Fundstellen: AV § 19, AV § 51; ST S. 629 (Begründung zu AV § 19)
DIN 1301 (Einheiten; Teil 2, Nr. 3.10)
DIN 1304 (Allgemeine Formelzeichen; Nr. 3.10)
DIN 1305 (Masse, Kraft, Gewichtskraft, Gewicht, Last)
ISO 1000—1973 (E), Nr. 3—8.1

Kreisfrequenz
(Winkelfrequenz)

E angular frequency, pulsastance
F frequence angulaire, pulsation

Die Kreisfrequenz (oder Winkelfrequenz) ist der Quotient aus der Änderung des Phasenwinkels und der Änderung der Phasenzeit.
siehe auch: Frequenz, Drehzahl, Winkelgeschwindigkeit, zeitabhängige Größen u. a.

SI-Einheit:
$1/s = s^{-1}$
(reziproke Sekunde)

weitere Einheiten (Auswahl):

·/.

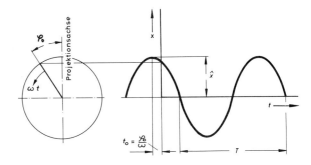

t Zeit, t_0 Nullphasenzeit (φ_0 zugeordnet)
T Periodendauer, $\hat{x}$ Scheitelwert, Amplitude
x zeitlich veränderliche Größe (z. B. zeitabhängige elektrische Spannung, zeitabhängiger Weg u. a.)
φ Phasenwinkel, φ_0 Nullphasenwinkel
ω Kreisfrequenz, Winkelfrequenz, f Frequenz

Formelzeichen: ω (Kreisfrequenz, Winkelfrequenz); DIN 1304, Nr. 2.7

Gleichungen:

$$\omega = \frac{\Delta \varphi}{\Delta t} \quad \text{(I)}$$

$$\omega = 2\pi f = \frac{2\pi}{T} \quad \text{(II)}$$

$$x = \hat{x} \cos(\varphi_0 + \omega t) \quad \text{(III)}$$

Anmerkungen: Das Formelzeichen ω für die Kreisfrequenz oder Winkelfrequenz entspricht dem auch für die Winkelgeschwindigkeit üblichen Formelzeichen. Dies ergibt sich daraus, daß eine Sinusschwingung (siehe Bild) der Kreisfrequenz (Winkelfrequenz) ω als Projektion eines mit der Winkelgeschwindigkeit ω rotierenden Zeigers auf eine Projektionsachse (d. h. im obigen Bild senkrecht) dargestellt werden kann.
Der Name Kreisfrequenz (bisher üblicher als Winkelfrequenz) sollte nicht zu der Annahme verleiten, daß in der Zeiteinheit umfahrenen Vollkreise gemeint sind. Dies spricht für die Empfehlung des Namens Winkelfrequenz (siehe auch „angular frequency" als englische Benennung).

Fundstellen: DIN 1301, DIN 1304, DIN 5483
DIN 1311 (Schwingungslehre), Blatt 1
nicht AV; nicht ISO 1000—1973 (E)

Länge *(Basisgröße)*
E length
F longueur

siehe auch: reziproke Länge, Dehnung, längenbezogene Masse, Längen-Ausdehnungskoeffizient u. a.

SI-Einheit:
m
(Meter)
Basiseinheit

weitere Einheiten (Auswahl):
km dm cm mm μm nm pm
sm (Seemeile), in der Seefahrt

auch noch: Å (Angström), Einheit für die Wellenlänge der Lichtstrahlen

auch noch: p (typographischer Punkt), für satztechnische Angaben im Druckereigewerbe (siehe DIN 16507)

nicht mehr zugelassen:
μ („Mikron") an Stelle von μm; mμ („Millimikron") an Stelle von nm; μμ („Mikromikron") an Stelle von pm.

Astronomische Einheit (A.E.; 1 A.E. = 1,4950 · 10^8 km); Astron für 10^6 astronomische Einheiten (10^6 A.E. = 1,495 04·10^{14} km); Faden für 6 Fuß (6 Fuß = 1,642 m); Fermi für fm (Femtometer; 1 fm = 10^{-15} m, Atomphysik); Fuß für 12 Zoll (12 Zoll = 30,48 cm); Meile (deutsche Meile) für 7,5 km (1 Meile = 7,5 km = 7 500 m); Siriusweite für 1,5419·10^{14} km, Astrophysik; X-Einheit (X.E.) für 10^{-13} m (1 X.E. = 10^{-13} m, Atomphysik); Zoll für 25,4 mm (1 Zoll = 25,4 mm).

Definition:

1 Meter ist das 1 650 763,73fache der Wellenlänge der von Atomen des Nuklids ^{86}Kr beim Übergang vom Zustand $5d_5$ zum Zustand $2p_{10}$ ausgesandten, sich im Vakuum ausbreitenden Strahlung.

**Übergangs-
vorschriften:**

Å (Angström), bis zum 31. 12. 1977 zugelassen
p (typogr. Punkt), bis zum 31. 12. 1977 zugelassen

Beziehungen:

1 km = 10^3 m = 1 000 m
1 dm = 10^{-1} m = 10 cm = 10^2 mm
1 cm = 10^{-2} m = 10 mm
1 mm = 10^{-3} m = 10^{-1} cm
1 μm = 10^{-6} m = 10^{-3} mm (*nicht* = 1 μ!!)
1 nm = 10^{-9} m = 10^{-6} mm (*nicht* = 1 mμ!!)
1 pm = 10^{-12} m (*nicht* = 1 μμ!!)
1 m = 10^2 cm = 10^3 mm
1 sm = 1 852 m
1 Å = 10^{-10} m = 0,1 nm
1 p = $\dfrac{1\,000\,333}{2\,660\,000\,000}$ m ($\approx$ 0,38 mm)

Formelzeichen:

l (Länge); DIN 1304, Nr. 1.5
Δ*l* (Längenänderung)

Fundstellen:

11. Generalkonferenz für Maß und Gewicht, 1960
G § 3 (1) 1., G § 3 (2)
AV § 51 (2) 1., AV § 52 (2) 1.
ST S. 417 (amtl. Begründung zu G § 3 (1)1.)
DIN 1301, DIN 1304, DIN 1338, DIN 4890,
DIN 4892, DIN 4893, DIN 5492, DIN 5497
ISO 1000—1973 (E), Nr. 1—3.1

Länge, reziproke
E reciprocal length
F longueur réciproque

Die reziproke Länge ist der Kehrwert der Länge.

SI-Einheit:
1/m
(reziprokes Meter)

weitere Einheit (Auswahl):
dpt (Dioptrie), nur für den Brechwert von optischen Systemen, Sonderbezeichnung für die Einheit reziprokes Meter (eingeschränkter Anwendungsbereich). Dezimale Vielfache und Teile sind für die Dioptrie nicht üblich und auch nicht erforderlich.

nicht mehr zugelassen:
K (Kayser) für $1/(10^8$ Å)

Beziehung:

$1 \text{ dpt} = 1/\text{m} = \text{m}^{-1}$
$1 \text{ K} = (10^8 \text{ Å})^{-1} = (10^8 \cdot 10^{-8} \text{ cm})^{-1} = 1/\text{cm}$

Gleichungen:
(Auswahl)

z. B. $D = \dfrac{1}{f}$; $\quad D$ Dioptrie
$\quad\quad\quad\quad\quad\quad f$ Brennweite (DIN 1304)

$-\dfrac{1}{a} + \dfrac{1}{b} = \dfrac{1}{f'} = D$ Abbildungsgleichung, Lage von Bild und Ding

a Dingweite (Gegenstandsweite)
b Bildweite, f' bildseitige Brennweite
f dingseitige Brennweite (siehe Zeichnung)

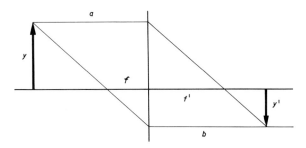

Anmerkung:

Brechkraft (Brechwert, Stärke) einer Linse oder eines optischen Systems ist der Kehrwert $1/f$ der Brennweite f. Der Optiker gibt die Brechkraft in Dioptrien an, dabei wird die Brennweite in Metern gemessen ($[f]$ = m). Eine Linse mit der Dioptrie 5 hat somit eine Brennweite von 0,2 m = 20 cm. Sammellinsen werden durch +, Zerstreuungslinsen durch ein −Vorzeichen der Dioptrie bezeichnet.

Fundstellen:

AV § 47
ST S. 633 (Begründung zu AV § 47)
DIN 1301 (Einheiten)
POHL, R. W.: Einführung in die Optik, Springer-Verlag, Berlin

Längen-Ausdehnungskoeffizient

E linear expansion coefficient
F coefficient de dilatation linéaire

Der Längen-Ausdehnungskoeffizient dient zur Kennzeichnung und Berechnung von Längenänderungen infolge Erwärmung oder Abkühlung.
siehe auch: Länge, Temperatur, Temperaturdifferenz, Dehnung u. a.

SI-Einheit:
K^{-1}
(reziprokes Kelvin)

weitere Einheiten (Auswahl):

$$m/(m\ K) = \frac{m}{m\ K} = m\ m^{-1}K^{-1}\ (= K^{-1})$$

$$cm/(cm\ K) = \frac{cm}{cm\ K} = cm\ cm^{-1}K^{-1}\ (= K^{-1})$$

auch z. B.: $cm/(m\ K) = \frac{cm}{m\ K}$

nicht mehr z. B.: $cm/cm\ grd = \frac{cm}{cm\ grd} = grd^{-1}$

Übergangsvorschriften:

grd (Grad), bis zum 31. 12. 1974 zugelassen

Beziehungen:

z. B. $1\ \frac{m}{m\ K} = 10^2\ \frac{cm}{m\ K} = 10^3\ \frac{mm}{m\ K}$ u. a.

Formelzeichen:

α, α_l (Längen-Ausdehnungskoeffizient); DIN 1304, Nr. 5.4

Gleichungen:

$\Delta l = \alpha\ l_0\ \Delta t$

$\alpha = \frac{\Delta l}{l_0\ \Delta t}$; $[\alpha] = \frac{[\Delta l]}{[l_0]\ [\Delta t]} = \frac{1}{[\Delta t]} = \frac{1}{K} = K^{-1}$

$\frac{\Delta l}{l}$ ist ein Größenverhältnis mit der Bedeutung 1 für das Verhältnis gleicher SI-Einheiten.

Anmerkung:

In DIN 1301 (Teil 2, Seite 8, Nr. 5.3) wurde unnötigerweise der Grad Celsius (Einheitenzeichen: °C) auch für die Differenz zweier Celsius-Temperaturen zugelassen („kann"). Definitionsgemäß gibt es aber *nur eine* Temperaturdifferenz, die in °C anzugeben ist, das ist die Differenz gegen 273,15 K (0 °C). In den vom Verfasser gebildeten Beispielen wird daher der Grad Celsius für die Differenz zweier Celsius-Temperaturen *nicht* benutzt.

daher z. B. $[\alpha] = \frac{m}{m\ K} = m/(m\ K) = K^{-1}$; nicht $\frac{m}{m\ °C}$

nicht mehr: grd^{-1}, nicht $°C^{-1}$, u.a.

Fundstellen:

AV § 36, § 53 8., ST S. 384 u. S. 631
DIN 1304, DIN 1345, DIN 1080
WINTER, F. W.: Technische Wärmelehre, 9. Aufl.,
        Verlag W. Girardet, Essen 1975, S. 58
nicht DIN 1301; *nicht* ISO 1000 —1973 (E)

Leistung, Energiestrom, Wärmestrom

E power, energy flow, heat flow
F puissance, flux d'energie, flux de chaleur

Leistung, Energiestrom und Wärmestrom sind Größen gleicher Art (daher gleiche SI-Einheit). Es sind die Quotienten Arbeit/Zeit, Energie/Zeit und Wärmemenge/Zeit.

SI-Einheit: W (Watt)

Weitere Einheiten (Auswahl):
GW MW kW mW µW
nach Bedarf auch: J/s oder N m/s mit Vorsätzen

an Stelle von W (Watt): VA (Voltampere), bei der Angabe von elektrischen Scheinleistungen, var (Var), bei der Angabe von elektrischen Blindleistungen.
nicht mehr: PS, kp m/s, erg/s usw.

Erklärung: 1 Watt ist gleich der Leistung, bei der während der Zeit 1 s die Energie 1 J umgesetzt wird.

Übergangsvorschriften: PS (Pferdestärke), p (Pond), erg (Erg), alle bis zum 31. 12. 1977 zugelassen.

Beziehungen:
$1\,W = 1\,N\,m/s = 1\,J/s$
$1\,GW = 10^9\,W$
$1\,MW = 10^6\,W$
$1\,kW = 10^3\,W$
$1\,mW = 10^{-3}\,W$
$1\,\mu W = 10^{-6}\,W$
$1\,J/s = 1\,W;\ 1\,kJ/s = 10^3\,J/s = 10^3\,W = 1\,kW$
$1\,N\,m/s = 1\,W;\ 1\,kN\,m/s = 1\,kW$
$1\,kp\,m/s = 9{,}806\,65\,N\,m/s$
$\approx 9{,}81\,N\,m/s = 9{,}81\,W$
$1\,PS = 75\,kp\,m/s = 735{,}5\,W \approx 736\,W$
$1\,erg/s = 1\,dyn\,cm/s = 10^{-7}\,J/s = 10^{-7}\,W$

Umrechnungsfaktoren:

	I	II
z. B.	$9{,}81\,\dfrac{W}{kp\,m/s}$	$0{,}102\,\dfrac{kp\,m/s}{W}$

Formelzeichen: P (Leistung), DIN 1304, Nr. 4.50
P_N (Nennleistung); S, P_s (Scheinleistung), P, P_p (Wirkleistung) u. a., DIN 1304, Nr. 4.51 und 4.53

Gleichungen: z. B. Leistungsbedarf einer Förderpumpe

bisher: $P = \dfrac{Q \cdot H \cdot \gamma}{75 \cdot \eta_P}$; P in PS, Q in m³/s (Fördermenge), H in m (Förderhöhe), γ in kp/m³ (Wichte), η_P Pumpenwirkungsgrad, 1 PS = 75 kp m/s

neu: $P = \dfrac{Q \cdot p}{\eta_P}$; $[Q] = m^3/s$
$[p] = N/m^2$
$[P] = N\,m/s = W$.

Fundstellen: AV § 24, AV § 51
DIN 1301, DIN 1304, DIN 40121 (Formelzeichen für den Elektromaschinenbau)
DIN 66036 (Umrechnungstabellen)
ISO 1000—1973 (E), Nr. 3-23.1
Kap. 6.: Tabellen

Leuchtdichte
E luminance
F densité lumineuse

siehe auch: Lichtstärke, Fläche, Lichtstrom, Beleuchtungsstärke, Raumwinkel u. a.

SI-Einheit:
cd/m^2
(Candela durch Quadratmeter)

weitere Einheiten (Auswahl):
cd/cm^2
nicht mehr: sb (Stilb)

nicht mehr zugelassen:
asb (Apostilb) für $(10^{-4}/\pi)$ sb
nt (Nit)   für cd/m^2
USA: la (Lambert) gebräuchliche photometrische Einheit für die Leuchtdichte.

Erklärung:

1 Candela durch Quadratmeter ist gleich dem 600000sten Teil der Leuchtdichte eines Schwarzen Strahlers bei der Temperatur des beim Druck 101325 Pa erstarrenden Platins.

Übergangs-
vorschriften:

sb (Stilb) bis zum 31.12.1974 zugelassen

Beziehungen:

$1\ cd/cm^2 = 10^4\ cd/m^2$

$1\ sb\ \ \ \ = 1\ cd/cm^2 = 10^4\ cd/m^2$

$1\ asb\ \ = \dfrac{10^{-4}}{\pi}\ sb = \dfrac{10^{-4}}{\pi}\ cd/cm^2 = \dfrac{1}{\pi}\ cd/m^2 = \dfrac{1}{\pi}\ nt$

$1\ nt\ \ \ \ = 1\ cd/m^2 = 10^{-4}\ sb$

$1\ la\ \ \ \ = (1/\pi)\ sb$

Formelzeichen: L, L_v (Leuchtdichte), DIN 1304

Fundstellen:
AV § 37, AV § 51 (1) 7
ST S. 631 (Begründung zu AV § 37)
DIN 1301 (Einheiten; Teil 2, Nr. 7.5)
DIN 1304 (Allgemeine Formelzeichen; Nr. 7.5)
DIN 5031 (Strahlungsphysik im optischen Bereich und Lichttechnik; Teil 3)
ISO 1000—1973 (E), Nr. 6—22.1
Kap. 6.: Anhang (Umrechnungstabelle)

Lichtstärke
(Basisgröße)

E luminous intensity
F intensité lumineuse

siehe auch: Leuchtdichte, Lichtstrom, Beleuchtungsstärke, räumlicher Winkel (Raumwinkel) u. a.

SI-Einheit:
cd
(Candela)
Basiseinheit

weitere Einheiten (Auswahl):
Mcd   kcd   mcd
die Candela (Betonung auf der 2. Silbe)
nicht mehr zugelassen: K (Kerze), HK (Hefnerkerze) und IK (internationale Kerze) als photometrische Einheiten für die Lichtstärke.

Definition:
1 Candela ist die Lichtstärke, mit der (1/600000) m³ der Oberfläche eines Schwarzen Strahlers bei der Temperatur des beim Druck 101325 N/m² erstarrenden Platins senkrecht zu seiner Oberfläche leuchtet.

Beziehungen:

1 cd = 1 lm/sr

1 Mcd = 10^6 cd

1 kcd = 10^3 cd

1 mcd = 10^{-3} cd

1 cd = 0,981 IK = 1,107 HK (siehe oben!!)

1 IK = 1,019 cd = 1,128 HK (siehe oben!!)

1 HK = 0,903 cd = 0,886 IK (siehe oben!!)

Formelzeichen: I, I_v (Lichtstärke), DIN 1304

Fundstellen:
9. Generalkonferenz für Maß und Gewicht, 1948
13. Generalkonferenz für Maß und Gewicht, 1967
G § 3 (1) 6., G § 3 (7)
ST S. 424 (amtliche Begründung zu G § 3 (1) 6.)
DIN 1301 (Einheiten; Teil 2, Nr. 7.1)
DIN 1304 (Allgemeine Formelzeichen; Nr. 7.1)
DIN 5031 (Strahlungsphysik im optischen Bereich und Lichttechnik; Teil 3: Größen; Bezeichnungen und Einheiten)
ISO 1000—1973 (E), Nr. 6—19.1

Lichtstrom
E luminous flux
F flux lumineux

siehe auch: Lichtstärke, Raumwinkel, Leuchtdichte, Beleuchtungsstärke u. a.

SI-Einheit:
lm
(Lumen)

weitere Einheiten (Auswahl):
klm mlm

Erklärung: 1 Lumen ist gleich dem Lichtstrom, den eine punktförmige Lichtquelle mit der Lichtstärke 1 cd gleichmäßig nach allen Richtungen in den Raumwinkel 1 sr aussendet.

Übergangsvorschriften: ·/.

Beziehungen:
1 lm = 1 cd sr
1 klm = 10^3 lm
1 mlm = 10^{-3} lm

Formelzeichen: Φ, Φ_v (Lichtstrom), DIN 1304

Fundstellen:
AV § 38
DIN 1301 (Einheiten; Teil 2, Nr. 7.2)
DIN 1304 (Allgemeine Formelzeichen; Nr. 7.2)
DIN 5031 (Strahlungsphysik im optischen Bereich und Lichttechnik; Teil 3)
ISO 1000—1973 (E), Nr. 6—20.1

Magnetische Feldstärke

E magnetic field strength
F intensité de champ magnétique

siehe auch: elektrische Stromstärke, Länge, Kraft, magnetischer Fluß u. a.

SI-Einheit:
A/m
(Ampere durch Meter)

weitere Einheiten (Auswahl):
kA/m A/cm A/mm mA/cm
nicht mehr zugelassen:
Oe (Oersted) für $(10/4\pi) \cdot (A/cm)$

Erklärung:

1 Ampere durch Meter ist gleich der magnetischen Feldstärke, die ein durch einen unendlich langen, geraden Leiter von kreisförmigem Querschnitt fließender elektrischer Strom der Stärke 1 A im Vakuum außerhalb des Leiters auf dem Rand einer zum Leiterquerschnitt konzentrischen Kreisfläche vom Umfang 1 m hervorrufen würde.

Beziehungen:

$1 \dfrac{A}{m} = 1 \dfrac{N}{Wb}$ usw.

1 kA/m $= 10^3$ A/m
1 A/cm $= 10^2$ A/m
1 A/mm $= 10^3$ A/m = 1 kA/m
1 mA/cm $= 10^{-3}$ A/cm $= 10^{-3} \cdot 10^2$ A/m
       $= 10^{-1}$ A/m
1 Oe $= (10/4\pi) \cdot (A/cm)$
       $= (10^3/4\pi) \cdot (A/m)$
       $= 79{,}577$ A/m (siehe oben!!)

Formelzeichen: H (magnetische Feldstärke, magnetische Erregung), DIN 1304

Fundstellen:
AV § 35
ST S. 631 (Begründung zu AV § 35)
DIN 1301 (Einheiten; Teil 2, Nr. 4.22)
DIN 1304 (Allgemeine Formelzeichen; Nr. 4.22)
DIN 1339 (Einheiten magnetischer Größen)
DIN 1357 (Einheiten elektrischer Größen)
ISO 1000—1973 (E), Nr. 5—21.1

Magnetischer Fluß

E magnetic flux
F flux d'induction magnétique

siehe auch: elektrische Spannung, Zeit, magnetische Feldkonstante u. a.

SI-Einheit:
Wb
(Weber)

weitere Einheiten (Auswahl):
mWb
V s (Voltsekunde): Das Weber darf auch als Voltsekunde (Einheitenzeichen: V s) bezeichnet werden; die mit AV § 32 verbundene Einschränkung schließt die nicht mehr gebräuchlichen und unerwünschten Einheiten „Voltminute" und „Voltstunde" aus.

nicht mehr zugelassen:
M, Mx (Maxwell) für 10^{-8} V s

Erklärung:

1 Weber ist gleich dem magnetischen Fluß, bei dessen gleichmäßiger Abnahme während der Zeit 1 s auf Null in einer ihn umschlingenden Windung die elektrische Spannung 1 V induziert wird.

Beziehungen: **1 Wb = 1 V s**

1 mWb = 10^{-3} Wb = 10^{-3} V s = 1 mV s

siehe auch: 1 Wb = 1 V s
(DIN 1339)

$$= 1\,\frac{W\,s}{A} = 1\,\frac{J}{A} = 1\,\frac{N\,m}{A}$$

1 M (Mx) = 10^{-8} V s = 10^{-8} Wb (siehe oben!!)

Umrechnungsfaktoren:

I
z. B. $10^{-3}\,\dfrac{V\,s}{mWb}$

II
$10^3\,\dfrac{mWb}{V\,s}$

Formelzeichen: Φ (magnetischer Fluß), DIN 1304

Fundstellen:
AV § 32
ST S. 631 (Begründung zu AV § 32)
DIN 1301 (Einheiten; Teil 2, Nr. 4.23)
DIN 1304 (Allgemeine Formelzeichen; Nr. 4.23)
DIN 1325 (Magnetisches Feld; Begriffe)
DIN 1339 (Einheiten magnetischer Größen)
ISO 1000—1973 (E), Nr. 5—25.1

Magnetische Flußdichte

E magnetic polarization
F densité de flux magnétique

siehe auch: magnetischer Fluß, Fläche, elektrische Spannung, Zeit u. a.

SI-Einheit:
T
(Tesla)

weitere Einheiten (Auswahl):
mT μT nT
nicht mehr zugelassen:
G, Gs (Gauß) für 10^{-8} V s/cm², γ (Gamma) für 10^{-5} G

Erklärung

1 Tesla ist gleich der Flächendichte des homogenen magnetischen Flusses 1 Wb, der die Fläche 1 m² senkrecht durchsetzt.

Beziehungen:

$1 \text{ T} = 1 \text{ Wb/m}^2 = 1 \text{ V s/m}^2$

$1 \text{ mT} = 10^{-3} \text{ T} = 10^{-3} \text{ Wb/m}^2 = 10^{-3} \text{ V s/m}^2$

$1 \text{ μT} = 10^{-6} \text{ T} = 10^{-6} \text{ Wb/m}^2 = 10^{-6} \text{ V s/m}^2$

$1 \text{ nT} = 10^{-9} \text{ T} = 10^{-9} \text{ Wb/m}^2 = 10^{-9} \text{ V s/m}^2$

$1 \text{ Wb/cm}^2 = 10^4 \text{ Wb/m}^2 = 10^4 \text{ T} = 10 \text{ kT}$

siehe auch: $1 \text{ T} = 1 \dfrac{\text{Wb}}{\text{m}^2} = 1 \dfrac{\text{V s}}{\text{m}^2}$

(DIN 1339, DIN 1357) $= 1 \dfrac{\text{W s}}{\text{A m}^2} = 1 \dfrac{\text{J}}{\text{A m}^2} = 1 \dfrac{\text{N m}}{\text{A m}^2}$

$1 \text{ G} = 1 \text{ Gs} = 10^{-8} \text{ V s/cm}^2 = 10^{-8} \text{ Wb/cm}^2$
$= 10^{-4} \text{ T} = 0{,}1 \text{ mT}$ (siehe oben!!)

Formelzeichen: B (magnetische Flußdichte, magnetische Induktion), DIN 1304

Gleichungen: $B = \dfrac{\Phi}{A}$; Φ magnetischer Fluß, [Φ] = Wb
A Fläche, [A] = m²

Fundstellen:
AV § 33
ST S. 631 (Begründung zu AV § 33)
DIN 1301 (Einheiten; Teil 2, Nr. 4.25)
DIN 1304 (Allgemeine Formelzeichen; Nr. 4.25)
DIN 1325 (Magnetisches Feld; Begriffe)
DIN 1339 (Einheiten magnetischer Größen)
DIN 1357 (Einheiten elektrischer Größen)
ISO 1000—1973 (E), Nr. 5—36.1

Masse *(Basisgröße)*
E mass
F masse

Die physikalische Größe Masse kennzeichnet die Eigenschaft eines Körpers, die sich sowohl als *Trägheit* gegenüber einer Änderung seines Bewegungszustandes als auch in der *Anziehung* zu anderen Körpern äußert. Die Masse eines Körpers wird durch Vergleich mit Körpern bekannter Masse bestimmt.
siehe auch: Dichte, spezifisches Volumen, Wärmekapazität, stoffmengenbezogene Masse, molare Masse, Kraft, Gewicht u. a.

SI-Einheit:
kg
(Kilogramm)
Basiseinheit

weitere Einheiten (Auswahl):
Mg g mg µg
Vorsätze nur auf g (Gramm), *nicht* auf kg anwenden

u (atomare Masseneinheit)
Kt (metrisches Karat), nur für Edelsteine
t (Tonne), besonderer Name für die Einheit Mg
nicht mehr zugelassen:
Dalton für $1{,}6601 \cdot 10^{-12}$ kg; Doppelzentner für 100 kg; γ(Gamma) für µg; hyl (Hyl) für 9,80665 g; Hyle für 10^7 g; lot (Lot) für 12,797 263 g; Pfund für 0,5 kg = 500 g; Zentner für 50 kg.

Definition:

1 Kilogramm ist die Masse des Internationalen Kilogrammprototyps.

Übergangsvorschriften:

alle Quotienten aus dem Pond (siehe: Kraft, S. 69) und einer gesetzlichen Beschleunigungseinheit sind für die Masseneinheit bis zum 31. 12. 1977 zugelassen.

Beziehungen:

1 Mg $= 10^6$ g $= 10^3$ kg
1 g $= 10^{-3}$ kg ; 1000 g = 1 kg
1 mg $= 10^{-3}$ g $= 10^{-6}$ kg
1 µg $= 10^{-6}$ g $= 10^{-9}$ kg (*nicht* = 1 γ !!)
1 u $= 1{,}660\,43 \cdot 10^{-27}$ kg
1 Kt $= 0{,}2 \cdot 10^{-3}$ kg = 0,2 g
1 t $= 10^3$ kg $= 10^6$ g = 1 Mg

Formelzeichen:

m (Masse, Gewicht als Wägeergebnis), DIN 1304, DIN 1345
$F = m \cdot a$;   *F* Kraft, *m* Masse,
    a Beschleunigung (NEWTON-Gesetz)

Fundstellen:

1. Generalkonferenz für Maß und Gewicht, 1889 G § 3 (1) 2.,
G § 3 (3), ST S. 418 (amtliche Begründung zu G § 3)
AV § 7 (1) ... (4), AV § 45
DIN 1301 (Einheiten; Teil 2, Nr. 3.1)
DIN 1304 (Allgemeine Formelzeichen; Nr. 3.1)
DIN 1305 (Masse, Kraft, Gewichtskraft, Gewicht, Last)
DIN 1306 (Dichte), DIN 1345 (Thermodynamik)
ISO 1000—1973 (E), Nr. 3—1.1
WENINGER, J: Gewicht, Kraft, oder Masse? siehe [23]

Masse und Gewicht (Begriffe nach DIN 1305)

Masse: Die physikalische Größe Masse m ist die Eigenschaft eines Körpers, die sich sowohl in Trägheitswirkungen gegenüber einer Änderung seines Bewegungszustandes als auch in der Anziehung auf andere Körper äußert. Die Masse ist ortsunabhängig.
Die Masse eines Körpers kann durch Vergleich mit Körpern bekannter Masse bestimmt werden. Die Verkörperung einer Einheit der Masse, ihrer Vielfachen oder Teile wird Gewichtstück oder Wägestück genannt.

Kraft: Die physikalische Größe Kraft F kann als das Produkt der Masse m eines Körpers und der Beschleunigung a, die er unter Einwirkung der Kraft F erfahren würde, dargestellt werden: $F = ma$.

Gewichtskraft: Die Gewichtskraft G ist das Produkt aus der Masse m eines Körpers und der (örtlichen) Fallbeschleunigung g: $G = mg$.

Die Gewichtskraft ist ortsabhängig und setzt sich aus der Gravitationskraft und der Zentrifugalkraft zusammen.

Gewicht: Das Wort Gewicht wird vorwiegend in drei verschiedenen Bedeutungen gebraucht:
als Benennung eines Wägeergebnisses zur Angabe von Warenmengen anstatt „Masse",
als Benennung für das Produkt aus der Masse eines Körpers und der örtlichen Fallbeschleunigung anstatt „Gewichtskraft",
als Name für Verkörperungen von Masseneinheiten sowie deren Vielfachen oder Teilen anstatt „Gewichtstück" oder „Wägestück".
Zur Vermeidung von Mißverständnissen wird empfohlen, anstelle des Wortes „Gewicht" folgende Wörter zu benutzen:
„Masse" für das Ergebnis einer Wägung,
„Gewichtskraft" für das Produkt der Masse eines Körpers und der örtlichen Fallbeschleunigung,
„Gewichtstück" oder „Wägestück" für Verkörperungen von Einheiten der Masse.

Anmerkung: In Wortzusammensetzungen mit dem Wort „Gewichtstück" kann das Grundwort „-stück" weggelassen werden, z.B. Laufgewicht (anstelle Laufgewichtstück), Präzisionsgewicht (anstelle Präzisionsgewichtstück). In Handel und Wirtschaft wird das Ergebnis einer Wägung Gewicht genannt. In diesem Sinne darf das Wort „Gewicht" auch weiterhin benutzt werden.

Last: Das Wort Last wird in der Technik in unterschiedlichen Bedeutungen benutzt:
als Benennung einer Größe von der Art einer Masse, insbesondere im Maschinenbau, Beispiel: Traglast eines Kranes,
als Benennung einer Größe von der Art einer Kraft oder Gewichtskraft, insbesondere in der Baustatik, Beispiel: Windlast,
als Benennung einer Größe von der Art einer Leistung, insbesondere in der Elektrotechnik, Beispiel: Blindlast,
als Name für einen Gegenstand, Beispiel: Last, die getragen wird.
Wenn das Wort „Last" als Benennung für eine physikalische Größe verwendet wird, so ist anzugeben, welche physikalische Größe gemeint ist.

Formelzeichen: m Masse, Gewicht als Wägeergebnis; $[m]_{SI} = kg$
F Kraft; $[F]_{SI} = N$
G, F_G Gewichtskraft; $[G]_{SI} = N$, $[F_G]_{SI} = N$

Fundstellen: DIN 1305 (Masse, Kraft, Gewichtskraft, Gewicht, Last; Begriffe), Mai 1977

Masse, flächenbezogene

E areal density
F masse superficielle

Die flächenbezogene Masse ist der Quotient aus der Masse und der Fläche.
siehe auch: Masse, Fläche, Massenbedeckung, Flächenlast, bezogene Größe u.a.

SI-Einheit:
kg/m^2
(Kilogramm durch Quadratmeter)

weitere Einheiten (Auswahl):
t/m^2 g/mm^2 g/m^2

Erklärung: 1 Kilogramm durch Quadratmeter ist gleich der flächenbezogenen Masse eines homogenen Körpers, der bei konstanter Dicke über seine Gesamtfläche auf je 1 m² Fläche die Masse 1 kg hat.

Beziehungen:
$1 \ t/m^2 = 10^3 \ kg/m^2$

$1 \ g/mm^2 = 10^6 \ g/m^2 = 10^3 \ kg/m^2$
$= 1 \ t/m^2$

$1 \ g/m^2 = 10^{-3} \ kg/m^2$

Formelzeichen: m'' (flächenbezogene Masse, Massenbedeckung), Angaben über Indizes siehe DIN 1304

Gleichung: $m'' = \dfrac{m}{A}$; m Masse, A Fläche
$[m''] = kg/m^2$ u.a. (siehe oben)

Fundstellen:
AV § 9
ST S. 627 (Begründung zu AV § 9)
DIN 1301 (Einheiten)
DIN 1304 (Allgemeine Formelzeichen; Nr. 3.3)
nicht ISO 1000—1973 (E)

Masse, längenbezogene

E linear density
F masse linéaire

Die längenbezogene Masse ist der Quotient aus der Masse und der Länge.
siehe auch: Masse, Länge, Massenbehang, Massenbelag, Längenlast, bezogene Größe u.a.

SI-Einheit:
kg/m
(Kilogramm durch Meter)

weitere Einheiten (Auswahl):
mg/m   g/km
tex (Tex), besonderer Name für die Einheit g/km bei der Angabe der längenbezogenen Masse von textilen Fasern und Garnen (eingeschränkter Anwendungsbereich)
mtex und ktex ISO-Empfehlung R 271 (September 1962) für tex mit Vorsätzen

nicht mehr zugelassen:
den (Denier) für 1 g/9 km; Rkm (Reißkilometer) für g/tex.

Erklärung:
1 Kilogramm durch Meter ist gleich der längenbezogenen Masse eines homogenen Körpers, der bei konstantem Querschnitt über seine Gesamtlänge auf je 1 m Länge die Masse 1 kg hat.

Beziehungen:
$1 \text{ mg/m} = 10^{-3} \text{ g/m} = 10^{-6} \text{ kg/m}$
$1 \text{ g/km} = 10^{-3} \text{ kg/km} \cdot 10^{-3} \text{ km/m} = 10^{-6} \text{ kg/m}$
$1 \text{ tex} = 1 \text{ g/km} = 10^{-6} \text{ kg/m}$
$1 \text{ mtex} = 10^{-3} \text{ tex} = 10^{-3} \text{ g/km} = 10^{-9} \text{ kg/m}$
$1 \text{ ktex} = 10^{3} \text{ tex} = 10^{3} \text{ g/km} = 10^{-3} \text{ kg/m}$
$= 1 \text{ kg/km}$
$1 \text{ den} = 1 \text{ g/9 km} = \frac{1}{9} \text{ tex}$ (siehe oben)
$1 \text{ Rkm} = 1 \text{ g/tex}$ (siehe oben)

Formelzeichen:
m' (längenbezogene Masse, Massenbelag, Massenbehang), Angaben über Indizes siehe DIN 1304

Gleichung:
$m' = \frac{m}{l}$; m Masse, l Länge
$[m'] = \text{kg/m}$ u.a. (siehe oben)

Fundstellen:
AV § 8, AV § 50
ST S. 634 (Begründung zu AV § 50)
DIN 1301 (Einheiten; Teil 2, Nr. 3.2)
DIN 1304 (Allgemeine Formelzeichen; Nr. 3.2)
DIN 60 905 (Tex-System zur Bezeichnung der längenbezogenen Masse bei textilen Fasern, usw.)
DIN 60 910 (Feinheiten von Garnen und Fasern, Umrechnungstabellen)
ISO 1000—1973 (E), Nr. 3—1.1

Massenstrom (Massendurchfluß)

E mass flow
F débit quantitatif

Der Massenstrom ist der Quotient aus der Masse und der zugehörigen Zeit.
siehe auch: Masse, Zeit, zeitabhängige Größen, bezogene Größen u. a.

SI-Einheit:
kg/s
(Kilogramm durch Sekunde)

weitere Einheiten (Auswahl):
g/s kg/h t/h
nicht mehr zugelassen:
jato (Jahrestonne) für t/Jahr (z. B. Kohleproduktion)
tato (Tagestonne) für t/d (z. B. Kohleproduktion)

Erklärung:

1 Kilogramm durch Sekunde ist gleich dem Massenstrom oder Massendurchfluß eines homogenen Fluids mit der Masse 1 kg, das während der Zeit 1 s gleichförmig durch einen Strömungsquerschnitt fließt.

Beziehungen:

$1 \text{ g/s} = 10^{-3} \text{ kg/s}$

$1 \text{ kg/h} = \dfrac{1}{3,6} \, 10^{-3} \text{ kg/s}$

$1 \text{ t/h} = \dfrac{1}{3,6} \text{ kg/s}$

Formelzeichen: $\dot{m}, q, q_m$ (Massenstrom; Massendurchsatz), DIN 5492, DIN 1952

Gleichungen:
(Auswahl)

$\dot{m} = \alpha \varepsilon A_d \sqrt{2 \Delta p \varrho_1} = \alpha \varepsilon m A_D \sqrt{2 \Delta p \varrho_1}$
Durchflußgleichung für den Massendurchsatz

$\dot{m}$ Massendurchfluß, $[\dot{m}] = $ kg/s
α Durchflußzahl, ε Expansionszahl
m Öffnungsverhältnis bei Betriebstemperatur
$m = A_d/A_D = d^2/D^2$
A_d Öffnungsquerschnitt des Drosselgerätes bei Betriebstemperatur
A_D Rohrquerschnitt bei Betriebstemperatur
$[A_d] = [A_D] = $ m²
$\Delta p = p_1 - p_2$ Differenzdruck, $[\Delta p] = $ N/m²
ϱ_1 Dichte des Meßstoffes vor dem Drosselgerät
$[\varrho_1] = $ kg/m³

Fundstellen:

AV § 18
ST S. 629 (Begründung zu AV § 18)
DIN 1301 (Einheiten)
DIN 1304 (Allgemeine Formelzeichen; Nr. 3.7)
DIN 5490 (Gebrauch der Wörter bezogen usw.)
DIN 5492 (Strömungsmechanik)
DIN 1952 (VDI-Durchflußmeßregeln)

Mol — (Wortbildungen)

Ausgewählte Beispiele für Namen, in denen das Mol zur Wortbildung benutzt wurde.
siehe auch: molare Größen, stoffmengenbezogene Größen.

Mol siehe: Stoffmenge. Das Mol ist der Einheitenname für die SI-Einheit der Stoffmenge.
SI-Einheit: mol

Molalität Molalität einer Lösung heißt der Quotient
$b_i = n_i/m_k$; Stoff i ist der gelöste Stoff,
Stoff k das Lösungsmittel (DIN 1310)
SI-Einheit: mol/kg

Molarität siehe Stoffmengenkonzentration.
SI-Einheit: mol/m^3; DIN 1310, DIN 5491.

Molekülmasse, relative früher Molekulargewicht genannt (DIN 1304).
Verwendet man für die molare Masse die Einheiten g/mol bzw. kg/kmol, so erhält man Werte, die der relativen Molekülmasse M_r entsprechen.
Beispiel: O$_2$ M_r = 32 kg/kmol = 32 g/mol
(Sauerstoff)   d. h. 1 kmol O$_2$ = 32 kg O$_2$
              1 mol O$_2$ = 32 g O$_2$

Molekülzahl, spezifische siehe: LOSCHMIDT-Konstante.
Die LOSCHMIDT-Konstante ist die Anzahl der Moleküle in einem mol.
$L = 6{,}024 \cdot 10^{23}$ mol^{-1} ($= 6{,}024 \cdot 10^{26}$ kmol^{-1})

Molnormvolumen siehe: molares Normvolumen, $(V_m)_n$.
SI-Einheit: m^3/mol; DIN 1345, DIN 1343, DIN 1314
Der Normzustand ist definiert durch
die Normtemperatur $T_n = 273{,}15$ K; $t_n = 0$ °C
und den Normdruck $p_n = 1{,}013$ bar ($= 760$ Torr).
Wegen der Herleitung dieses Normzustandes aus der physikalischen Atmosphäre (760 Torr = 1 atm) wurde dieser Normzustand bisher auch physikalischer Normzustand genannt.
Das molare Normvolumen des idealen Gases ist:
$(V_m)_n = 22{,}414$ m^3/kmol (DIN 1343).

Molvolumen siehe: molares Volumen (V_m).
SI-Einheit: m^3/mol, DIN 1345.

Molwärme siehe: molare Wärmekapazität.
SI-Einheit: J/mol K (DIN 1345).

Molzahl Der in der Einheit mol gemessene Zahlenwert der Stoffmenge wird auch Molzahl genannt.
Beispiel: $n = \{n\}$ mol = 2,7 mol (Molzahl = 2,7)

Fundstellen: DIN 1304 (Allgemeine Formelzeichen), DIN 1310 (Zusammensetzung von Mischphasen), DIN 1314 (Druck), DIN 1343 (Normzustand, Normvolumen), DIN 1345 (Thermodynamik), DIN 5491 (Stoffübertragung), DIN 5498 (Chemische Thermodynamik)

Moment einer Kraft, Biegemoment, Drehmoment

E moment of force
F moment de force

SI-Einheit:
N m
(Newtonmeter;
Aussprache:
„njutenmeter")

Weitere Einheiten (Auswahl):
MN m KN m mN m μN m
nach Bedarf auch: J und W s mit Vorsätzen
nicht mehr: kp m, kp cm, p cm, dyn cm, erg

Erklärung: Das Moment einer Kraft ist das Produkt aus der Kraft und dem wirksamen Hebelarm (Kraft ⊥ Hebelarm, bei schiefen Kräften Kraftkomponente ⊥ Hebelarm).

Übergangsvorschriften:
p (Pond), bis zum 31. 12. 1977 zugelassen
dyn (Dyn), bis zum 31. 12. 1977 zugelassen
erg (Erg), bis zum 31. 12. 1977 zugelassen

Beziehungen:
1 N m = 1 kg m/s² · m = 1 kg (m/s)²
1 N m = 1 J = 1 W s
1 MN m = 10^6 N m = 10^3 kN m
1 kN m = 10^3 N m
1 mN m = 10^{-3} N m
1 μN m = 10^{-6} N m
1 kp m = 9,806 65 N m ≈ 9,81 N m
       ≈ 10 N m = 1 daN m
1 kp cm = 9,806 65 N cm ≈ 9,81 N cm
       = 9,81 · 10^{-2} N m ≈ 0,1 N m
1 p cm = 10^{-5} kp m ≈ 10^{-4} N m
1 dyn cm = 10^{-5} N cm = 10^{-7} N m
1 erg   = 1 dyn cm = 10^{-5} N cm = 10^{-7} N m

Umrechnungsfaktoren:

	I	II
z. B.	9,81 $\frac{\text{N m}}{\text{kp m}}$	0,102 $\frac{\text{kp m}}{\text{N m}}$

Formelzeichen: M (Moment), DIN 1304
M_b (Biegemoment), M (Drehmoment)

Gleichungen:
$\sigma_b = \dfrac{M_b}{W_b}$; σ_b Biegespannung
                  M_b Biegemoment
                  W_b Widerstandsmoment

$M = 9560 \dfrac{P/\text{kW}}{n/\text{min}^{-1}}$ N m;   M Drehmoment
P Leistung
n Drehzahl

Fundstellen:
G § 3 (Länge)
AV § 19 (Kraft)
ISO 1000—1973 (E), Nr. 3-10.1

SI (Internationales Einheitensystem)

SI-Einheiten sind die sieben Basiseinheiten und die aus ihnen kohärent, d.h. mit dem Zahlenfaktor 1 abgeleiteten Einheiten.
Der Name „Système International d'Unités" (Internationales Einheitensystem) und das Kurzzeichen SI wurden durch die 11. Generalkonferenz für Maß und Gewicht (CGPM), 1960, angenommen.
Die sieben SI-Basiseinheiten sind in der folgenden Tabelle zusammen mit den zugehörigen Basisgrößen aufgeführt. Definitionen der SI-Basiseinheiten siehe Gesetz (im Anhang).

Basisgröße	SI-Basiseinheit	
	Name	Zeichen
Länge	Meter	m
Masse	Kilogramm	kg
Zeit	Sekunde	s
elektrische Stromstärke	Ampere	A
thermodynamische Temperatur	Kelvin	K
Stoffmenge	Mol	mol
Lichtstärke	Candela	cd

Abgeleitete Einheiten werden durch Produkte und/oder Quotienten von Basiseinheiten gebildet. Entsprechendes gilt für die Einheitenzeichen; z.B. ist die SI-Einheit der Geschwindigkeit Meter durch Sekunde (m/s).
Einige abgeleitete SI-Einheiten haben einen besonderen Namen und ein besonderes Einheitenzeichen; sie sind auf der folgenden Seite 100 zusammen mit den zugehörigen Größen aufgeführt.
Eine abgeleitete Einheit kann mit den Namen der Basiseinheiten oder mit den Namen von abgeleiteten Einheiten auf mehrere Arten ausgedrückt werden. Es dürfen besondere Namen oder bestimmte Kombinationen zum Zwecke der leichteren Unterscheidung zwischen Größen gleicher Dimension bevorzugt werden, z.B. wird für das Moment eines Kräftepaares (Drehmoment) das Newtonmeter gegenüber dem Joule bevorzugt.

Schreibweisen: $[l]_{SI} = m$ (Die SI-Einheit der Größe Länge ist das Meter.)
$[l]$ = mm, cm, km (Die von einer SI-Einheit gebildeten Vielfache oder Teile sind keine SI-Einheiten, sie sind gesetzliche Einheiten.)

Beispiele für kohärente Beziehungen:
$1 \text{ kg} \cdot \text{m/s}^2 = 1 \text{ N}$
$1 \text{ J} = 1 \text{ N m} = 1 \text{ W s}$
$1 \text{ J/s} = 1 \text{ N m/s} = 1 \text{ W}$ u.a. (siehe auch Seite 100)

warum SI? wirtschaftliche und technische Verflechtung der Länder

für wen? im geschäftlichen und amtlichen Verkehr (ohne Ausland, aber innerhalb der EG)

Fundstellen: „Le Système International d'Unités", Veröffentlichung des Internationalen Büros für Maß und Gewicht.
DIN 1301 (Einheiten), Februar 1978

SI-Basisgrößen, Basiseinheiten; abgeleitete SI-Einheiten mit besonderen Namen
(nach N. LUDWIG [17], erweitert um Mol, Pascal und Siemens)

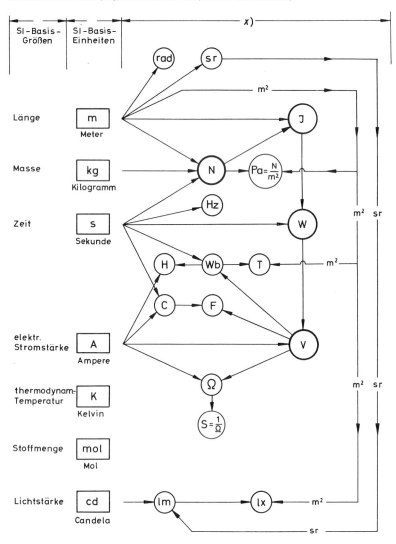

x) abgeleitete SI-Einheiten mit besonderen Namen:
rad (Radiant für ebenen Winkel), sr (Steradiant für Raumwinkel), J (Joule), N (Newton), Pa (Pascal), Hz (Hertz), W (Watt), H (Henry), Wb (Weber), T (Tesla), C (Coulomb), F (Farad), V (Volt), Ω (Ohm), S (Siemens). Die Verbindungslinien und Pfeile zeigen den Verbund von SI-Einheiten an. Z. B.: m, kg und s führen zur Krafteinheit N (Newton) im Sinne von $1\text{ N} = 1\text{ kg m/s}^2$ (NEWTON-Gesetz) usw.

Spannung, mechanische (Festigkeit)

E stress
F tension

Mechanische Spannung ist der Quotient aus der auf eine Fläche drückenden Normalkraft und dieser Fläche. Druck und mechanische Spannung sind Größen gleicher Art (daher gleiche SI-Einheit).

siehe auch: Zugspannung (Zugfestigkeit), Druckspannung (Druckfestigkeit), Biegespannung (Biegefestigkeit), Dauerfestigkeit, Elastizitätsmodul, Gleitmodul, Kraft, Fläche u. a.

SI-Einheit:
Pa
(Pascal)
oder
N/m^2
(Newton durch Quadratmeter)

Weitere Einheiten (Auswahl):

MPa   kPa   usw.
MN/m^2 kN/m^2 mN/m^2
N/cm^2 N/mm^2

vorzugsweise ist die Einheit N/mm^2 zweckmäßig, sofern nicht in einzelnen Fachgebieten Gründe für andere Einheiten Vorrang haben.

nicht mehr: kp/cm^2, kp/mm^2 usw.

Erklärung: 1 Pascal ist gleich dem auf eine Fläche gleichmäßig wirkenden Druck, bei dem senkrecht auf eine Fläche 1 m^2 die Kraft 1 N ausgeübt wird.

Übergangsvorschriften: p (Pond), bis zum 31. 12. 1977 zugelassen

Beziehungen:

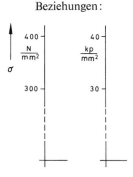

$1\ N/m^2 = 1\ Pa = 1\ kg/m\ s^2$

$1\ MPa = 10^6\ Pa = 1\ MN/m^2 = 10^6\ N/m^2$
$1\ kPa = 10^3\ Pa = 1\ kN/m^2 = 10^3\ N/m^2$
$1\ mPa = 10^{-3}\ Pa = 1\ mN/m^2 = 10^{-3}\ N/m^2$
$1\ N/cm^2 = 10^4\ N/m^2 = 10\ kN/m^2$

$1\ N/mm^2 = 10^6\ N/m^2 = 1\ MN/m^2 = 1\ MPa$
$= 0{,}1\ daN/mm^2 \approx 0{,}1\ kp/mm^2$

$1\ kp/cm^2 = 0{,}01\ kp/mm^2$
$= 0{,}098\ 066\ 5\ N/mm^2 \approx 0{,}1\ N/mm^2$

$1\ kp/mm^2 = 9{,}806\ 65\ N/mm^2 \approx 10\ N/mm^2$
$= 100\ kp/cm^2 = 10^2\ kp/cm^2$
$\approx 10^3\ N/cm^2$

Umrechnungsfaktoren:

	I	II
z. B.	$9{,}81\ \dfrac{N/mm^2}{kp/mm^2}$	$0{,}102\ \dfrac{kp/mm^2}{N/mm^2}$

Formelzeichen: σ Normalspannung, Zug- oder Druckspannung; DIN 1304 (Allgemeine Formelzeichen), Nr. 3.22
τ Schubspannung; DIN 1304, Nr. 3.23

Fachgebiete:	Apparate, Behälter, Druckgefäße, Kessel: N/mm^2 für Festigkeitsrechnungen (Konstruktion), Drucke in bar.
	beachte: $1\ N/mm^2 = 10^6\ N/m^2 = 10 \cdot 0{,}1\ MN/m^2 = 10\ bar$.
	Bauwesen: N/mm^2 ($= MN/m^2$) für Festigkeitsrechnungen, kN/m^2 für Flächenpressungen.
	Werkstoffe: N/mm^2.

ISO-Arbeit: Das Komitee ISO/TC 17 („Stahl") beschloß im Juni 1970 in Edinburgh, für die Spannung (z. B. Zugfestigkeit, 0,2-Grenze) die Einheit N/mm^2 einzuführen. Andere ISO-Komitees haben sich angeschlossen (z. B. ISO/TC 18 „Zink", ISO/TC 26 „Kupfer", ISO/TC 79 „Leichtmetalle", ISO/TC 119 „Pulvermetallurgie"). Die Sekretäre der ISO-Komitees TC 17 („Stahl"), TC 25 („Gußeisen"), TC 26 („Kupfer"), TC 79 („Leichtmetalle") und TC 119 („Pulvermetallurgie") einigten sich am 10. Februar 1972 in Genf auf folgende Richtlinien:

„Grundsätzlich ist die Genauigkeit der bisherigen Werte bei der Umrechnung beizubehalten; daraus ergibt sich:

a) Werte in kp/mm^2, sofern sie ganze Zahlen sind, werden mit dem Faktor 9,81 multipliziert und auf die nächsten 10 N/mm^2 gerundet.

b) Haben die Werte in kp/mm^2 eine Dezimale, so werden sie mit dem Faktor 9,81 multipliziert und auf die nächsten 1 N/mm^2 gerundet."

Beispiele: (Auswahl) Umrechnungstabelle des FNA (Fachnormenausschuß) Nichteisenmetalle

Bisheriger Wert kp/mm^2	Genauwert[1]) N/mm^2	Neuer Wert[2]) N/mm^2	Kontrollwert[3]) kp/mm^2
34	333,426 100	330	33,65
42	411,879 300	410	41,81
50	490,332 500	490	49,97
60	588,399 000	590	60,16
70	686,465 500	690	70,36

[1]) umgerechnet nach DIN 66 034

[2]) umgerechnet mit dem Faktor 9,81 und gerundet auf die nächsten 10 N/mm^2

[3]) errechnet mit dem Faktor 0,102 aus dem „Neuen Wert" zur Kontrolle gegenüber dem „Bisherigen Wert"

Fundstellen: AV § 20
ISO 1000—1973 (E), Nr. 3-11.1
FISCHER, H. J.: Die F-Zahl und das N/mm^2.
　　　　　　DIN-Mitteilungen, Heft 5 (1972), Seite 187 bis 191

DIN 50 145 Zugversuch (Prüfung metallischer Werkstoffe)

Spezifische Größen

Ausgewählte Beispiele aus der Technischen Wärmelehre (Thermodynamik) mit der Masse als Bezugsgröße.

Masse   SI-Einheit: kg *(Basiseinheit)*
Formelzeichen: m

Formelzeichen	Bedeutung	SI-Einheit[1])	Bemerkungen
v	spezifisches Volumen	m³/kg	$v = V/m$
u	spezifische innere Energie	J/kg	$u = U/m$
h	spezifische Enthalpie	J/kg	$h = H/m$
f	spezifische freie Energie	J/kg	$f = F/m$
g	spezifische freie Enthalpie	J/kg	$g = G/m$
R_i	spezifische (spezielle) Gaskonstante	J/(kg K)	$R_i = \dfrac{R_\mathrm{m}}{M_i}$ [2])
s	spezifische Entropie	J/(kg K)	$s = S/m$
c	spezifische Wärmekapazität[3])	J/(kg K)	$c = C/m$
c_v	spezifische Wärmekapazität bei konstantem Volumen	J/(kg K)	$c_v = \left(\dfrac{\delta u}{\delta T}\right)_v$
c_p	spezifische Wärmekapazität bei konstantem Druck	J/(kg K)	$c_p = \left(\dfrac{\delta h}{\delta T}\right)_p$

Anmerkungen:
[1]) Weitere Einheiten sind durch Anwendung von Vorsätzen zu bilden.
[2]) R_m ist die molare Gaskonstante (allgemeine Gaskonstante).
$R_\mathrm{m} = 8\,316$ N m/(kmol K) $= 8{,}316$ kJ/(kmol K)
$= 848$ kp m/(kmol grd)
M_i ist die molare Masse des Stoffes i, z. B. Sauerstoff (O_2):
$M = 32$ kg/kmol.
[3]) Spezifische Wärmekapazität eines Stoffes ist die auf die Masse bezogene Wärmekapazität
(SI-Einheit der Wärmekapazität: J/K).

Fundstellen: A...Z bei: Volumen, Masse, Energie, Arbeit, Wärmemenge, thermodynamische Temperatur, u. a.
DIN 1304 (Allgemeine Formelzeichen)
DIN 1345 (Thermodynamik; Formelzeichen, Einheiten)
DIN 5490 (Gebrauch der Wörter bezogen, spezifisch, relativ, normiert und reduziert)
WINTER, F. W.: Technische Wärmelehre, siehe [20]

Stoffmenge
(Basisgröße)
E amount of substance
F quantité de substance

Die neue Basisgröße Stoffmenge (Teilchenmenge) bewertet die Stoffe nach der Anzahl der enthaltenen Teilchen (z. B. Atome, Moleküle). Die Stoffmenge ist aber *nicht* gleich der Teilchenanzahl, sondern dieser nur proportional (Prototyp für die Festlegung der Einheit Mol siehe Definition).
siehe auch: stoffmengenbezogene Größen, u. a.

SI-Einheit:
mol
(Mol)
Basiseinheit

weitere Einheiten (Auswahl):
Gmol   Mmol   kmol   mmol   µmol

Definition:
1 Mol ist die Stoffmenge eines Systems bestimmter Zusammensetzung, das aus ebenso vielen Teilchen besteht, wie Atome in (12/1000) kg des Nuklids ^{12}C enthalten sind. Bei Benutzung des Mol müssen die Teilchen spezifiziert werden. Es können Atome, Moleküle, Ionen, Elektronen usw. oder eine Gruppe solcher Teilchen genau angegebener Zusammensetzung sein.

Beziehungen:
1 Gmol $= 10^9$ mol $= 10^6$ kmol
1 Mmol $= 10^6$ mol $= 10^3$ kmol
1 kmol $= 10^3$ mol
1 mmol $= 10^{-3}$ mol
1 µmol $= 10^{-6}$ mol

Umrechnungsfaktoren:

z. B.   I $10^3 \dfrac{\text{mol}}{\text{kmol}}$ II $10^{-3} \dfrac{\text{kmol}}{\text{mol}}$

Formelzeichen: n, ν (Stoffmenge), DIN 1345

Gleichung:
$n = N/L$; N Anzahl der Teilchen (Teilchenzahl)
L AVOGADRO-Konstante, DIN 5498

Anmerkung:
AVOGADRO-Gesetz: Ideale Gase enthalten bei gleichem Druck und gleicher Temperatur in gleichen Volumina gleich viele Moleküle.
LOSCHMIDT-Konstante: $L = 6,024 \cdot 10^{23}$ mol^{-1}, Anzahl der Moleküle in einem mol; bezogen auf kmol
$= 6,024 \cdot 10^{26}$ kmol^{-1}.
Es folgt: Alle idealen Gase haben das gleiche molare Normvolumen. Das molare Normvolumen (Normzustand: $t_n = 0$ °C, $p_n = 1,013$ bar $= 760$ Torr) des idealen Gases ist:
$(V_m)_n = 22,414$ m³/kmol.

Fundstellen:
G § 4 (1)
ST S. 426 (amtliche Begründung zu G § 4)
ST S. 632 (Begründung zu AV §§ 45 und 46)
DIN 1301 (Teil 2, Nr. 6.12), DIN 1304 (Nr. 6.12), DIN 1345, DIN 5498
ISO 1000—1973 (E), Nr. 8—3.1
WINTER, F. W.: Technische Wärmelehre, siehe [20]

Stoffmengenbezogene Größen (molare Größen)

Ausgewählte Beispiele aus der Technischen Wärmelehre (Thermodynamik) mit der Stoffmenge als Bezugsgröße.

Stoffmenge SI-Einheit: mol
Formelzeichen: n

Formelzeichen	Bedeutung	SI-Einheit[1]	Bemerkungen
Z_m	stoffmengenbezogene Größe (molare Größe)		$Z_m = Z/n$
V_m	molares Volumen	m³/mol	$V_m = V/n$
$(V_m)_n$	molares Normvolumen[2]	m³/mol	$(V_m)_n = V_m/n$
M	molare Masse	kg/mol	$M = m/n$
U_m	molare innere Energie	J/mol	$U_m = U/n$
H_m	molare Enthalpie	J/mol	$H_m = H/n$
R_m	molare Gaskonstante (universelle Gaskonstante)[3]	J/(mol K)	$R_m = M_i \cdot R_i$ M_i ist die molare Masse des Stoffes i, R_i die spezifische (spezielle) Gaskonstante des Stoffes i
S_m	molare Entropie	J/(mol K)	$S_m = S/n$
C_m	molare Wärmekapazität	J/(mol K)	$C_m = C/n$
$(C_m)_v$	molare Wärmekapazität bei konstantem Volumen	J/(mol K)	$(C_m)_v = \left(\dfrac{\delta U_m}{\delta T}\right)_v$
$(C_m)_p$	molare Wärmekapazität bei konstantem Druck	J/(mol K)	$(C_m)_p = \left(\dfrac{\delta H_m}{\delta T}\right)_p$

Anmerkungen:
[1] Weitere Einheiten sind durch Anwendung von Vorsätzen zu bilden.
[2] $(V_m)_n = 22{,}414$ m³/kmol (bei allen idealen Gasen gleich).
[3] $R_m = 8\,316$ N m/(kmol K) $= 8{,}316$ kJ/(kmol K)
    $= 848$ kp m/(kmol K)
    (früher auch universelle Gaskonstante genannt).

Fundstellen: A...Z bei: Stoffmenge, Volumen, Masse, Energie, Wärmemenge, thermodynamische Temperatur, u. a.
DIN 1301 (Einheiten; Teil 1 und Teil 2)
DIN 1304 (Allgemeine Formelzeichen)
DIN 1345 (Thermodynamik; Formelzeichen, Einheiten)
DIN 5498 (Chemische Thermodynamik)
WINTER, F. W.: Technische Wärmelehre, siehe [20]

Stoffmengenbezogene Masse, molare Masse

E molar mass
F masse molaire

Die stoffmengenbezogene Masse ist der Quotient aus der Masse und der Stoffmenge.
siehe auch: Stoffmenge, stoffmengenbezogene Größen, u. a.

SI-Einheit:
kg/mol
(Kilogramm durch Mol)

weitere Einheiten (Auswahl):
Mg/mol   g/mol   mg/mol   kg/kmol   g/kmol

Erklärung: 1 Kilogramm durch Mol ist gleich der stoffmengenbezogenen Masse oder molaren Masse eines homogenen Stoffes, der bei der Masse 1 kg die Stoffmenge 1 mol hat.

Beziehungen:
$1 \text{ Mg/mol} = 10^6 \text{ g/mol} = 10^3 \text{ kg/mol}$

$1 \text{ g/mol} = 10^{-3} \text{ kg/mol}$
$= 1 \text{ kg/kmol}$

$1 \text{ mg/mol} = 10^{-3} \text{ g/mol} = 10^{-6} \text{ kg/mol}$

$1 \text{ kg/kmol} = 1 \text{ kg}/10^3 \text{ mol} = 10^{-3} \text{ kg/mol}$
$= 1 \text{ g/mol}$

$1 \text{ g/kmol} = 10^{-3} \text{ kg}/10^3 \text{ mol} = 10^{-6} \text{ kg/mol}$
$= 1 \text{ mg/mol}$

Formelzeichen:
M (molare Masse); DIN 1304, DIN 1345
M_r (relative Molekülmasse, früher Molekulargewicht genannt), DIN 1304

Gleichungen:
$M = m/n$; m Masse, $[m] = $ kg u. a.
n Stoffmenge, $[n] = $ mol u. a.
$p \cdot V_m = M \cdot R \cdot T$; p Druck, V_m molares Volumen,
R spezielle Gaskonstante
T thermodynamische Temperatur
Zustandsgleichung idealer Gase, Schreibweise mit molaren Größen (V_m, M).
$p_n \cdot (V_m)_n = M \cdot R \cdot T_n$; Gleichung wie oben, aber bezogen auf den Normzustand.

Anmerkung: Verwendet man die Einheiten g/mol und kg/kmol (1 g/mol = 1 kg/kmol, siehe oben), so erhält man für die molare Masse Werte, die der relativen Molekülmasse M_r (früher Molekulargewicht genannt) entsprechen.
Beispiel: Sauerstoff O_2, $M_r = 32$ kg/kmol
$= 32$ g/mol

Fundstellen:
AV § 45, ST S. 632 (Begründung zu AV § 45)
DIN 1301 (Einheiten; Teil 2, Nr. 6.18)
DIN 1304 (Allgemeine Formelzeichen; Nr. 6.18, Nr. 6.2)
DIN 1345 (Thermodynamik; Formelzeichen, Einheiten)
ISO 1000—1973 (E), Nr. 8—5.1

Stoffmengenkonzentration, Molarität

E concentration
F concentration

Die Stoffmengenkonzentration, früher Molarität genannt (Quotient aus der Stoffmenge und dem Volumen), dient, zusammen mit anderen Größen, zur Beschreibung und Berechnung der Stoffübertragung (Diffusion und Stoffübergang).
siehe auch: Stoffmenge, Volumen, u. a.

SI-Einheit:
mol/m^3
(Mol durch Kubikmeter)

weitere Einheiten (Auswahl):
$kmol/m^3$ $kmol/l$ $kmol/dm^3$ $kmol/cm^3$
mol/l mol/dm^3 mol/cm^3

Erklärung:
1 Mol durch Kubikmeter ist gleich der Stoffmengenkonzentration oder Molarität einer Komponente in einem homogenen Stoffgemisch, wenn die Komponente die Stoffmenge 1 mol hat und das Stoffgemisch das Volumen 1 m^3 einnimmt.

Beziehungen:

$1\ kmol/m^3 = 10^3\ mol/m^3$

$1\ kmol/l = 10^3\ mol/10^{-3}\ m^3 = 10^6\ mol/m^3$
$ = 1\ Mmol/m^3$

$1\ kmol/l = 1\ kmol/dm^3 = 10^6\ mol/m^3$

$1\ kmol/cm^3 = 10^3\ mol/10^{-6}\ m^3 = 10^9\ mol/m^3$

$1\ mol/l = 1\ mol/10^{-3}\ m^3 = 10^3\ mol/m^3$
$ = 1\ kmol/m^3 = 1\ mol/dm^3$

$1\ mol/dm^3 = 1\ mol/10^{-3}\ m^3 = 10^3\ mol/m^3$
$ = 1\ kmol/m^3$

$1\ mol/cm^3 = 1\ mol/10^{-6}\ m^3 = 10^6\ mol/m^3$
$ = 1\ Mmol/m^3 = 1\ kmol/l$

Umrechnungsfaktor:

I z. B. $10^3\ \dfrac{mol/m^3}{mol/l}$

II $10^{-3}\ \dfrac{mol/l}{mol/m^3}$

Formelzeichen: c (Stoffmengenkonzentration), DIN 1304

Gleichung: $c = n/V$; n Stoffmenge, $[n] = mol$, u. a.
V Volumen, $[V] = m^3$, u. a.

Fundstellen:
AV § 46
ST S. 632 (Begründung zu AV § 46)
DIN 1301 (Einheiten; Teil 2, Nr. 6.14)
DIN 1304 (Allgemeine Formelzeichen; Nr. 6.14)
DIN 4896 (Einfache Elektrolytlösungen; Formelzeichen)
DIN 32 625 (Vornorm) Molarität, Normalität, Molalität, Titer; Begriffe, Kennzeichnung, Vorzugswerte
ISO 1000—1973 Nr. 8—13.1

Temperatur, thermodynamische *(Basisgröße)*

E thermodynamic temperature
F température thermodynamique

SI-Einheit: K (Kelvin) *Basiseinheit*	weitere Einheiten: 0 °C (Grad Celsius), besonderer Name für das Kelvin bei der Angabe von Celsius-Temperaturen. Die Einheit K gilt auch für Temperaturdifferenzen und -intervalle. *keine* Vorsätze bei °C anwenden nicht mehr: °K (Grad Kelvin) nicht mehr: grd (Grad) USA: °R (Grad Rankine), °F (Grad Fahrenheit)
Definition:	1 Kelvin ist der 273,16te Teil der thermodynamischen Temperatur des Trippelpunktes des Wassers.
Übergangs- vorschriften:	°K (Grad Kelvin), bis zum 5. 7. 1975 zugelassen grd (Grad), bis zum 31. 12. 1974 zugelassen °F (Grad Fahrenheit), °R (Grad Rankine), im geschäftlichen und amtlichen Verkehr nicht mehr zugelassen
Beziehungen:	1 °K = 1 K 1 grd = 1 K
Umrechnungs- gleichungen:	Bedeuten T_K, T_R, t_c und t_F die Zahlenwerte einer Temperatur in der Kelvin-, Rankine-, Celsius- und Fahrenheitskala, so gelten für Umrechnungen die folgenden Gleichungen: (I) $T_K = 273{,}15 + t_C = \dfrac{5}{9} T_R$; $T_0 = 273{,}15$ K (II) $T_R = 459{,}67 + t_F = 1{,}8\, T_K$ (III) $t_C = \dfrac{5}{9}(t_F - 32) = T_K - 273{,}15$ (IV) $t_F = 1{,}8\, t_C + 32 = T_R - 459{,}67$
Formelzeichen:	T, Θ (thermodynamische Temperatur (Kelvin-Temperatur)), DIN 1304 t, ϑ (Celsius-Temperatur), DIN 1304 T_n, t_n (Index n zur Kennzeichnung eines Normzustandes, z. B. $T_n = 273{,}15$ K, $t_n = 0$ °C)

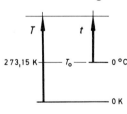

Anmerkung: Die thermodynamische Temperatur (früher absolute Temperatur genannt) ist in den Gesetzen der Thermodynamik die bestimmende physikalische Größe. Entsprechend der Definitionsgleichung

$$t = T - T_0$$

wird die besondere Differenz einer beliebigen thermodynamischen Temperatur T gegen $T_0 = 273{,}15$ K (O °C) Celsius-Temperatur *(t)* genannt. AV § 36 führt den Einheitennamen Grad Celsius und das Einheitenzeichen °C in der Bundesrepublik Deutschland erstmals gesetzlich ein.

Bisher: (°F, °R: USA):

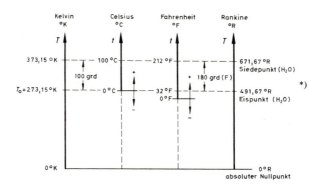

Neu:

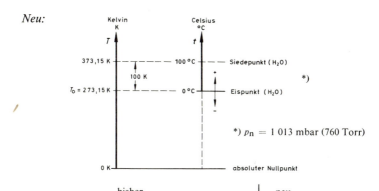

*) $p_n = 1\,013$ mbar (760 Torr)

	bisher	neu
Absoluter Nullpunkt	0 °K ($-273{,}15$ °C)	0 K ($-273{,}15$ °C)
Eispunkt (H_2O)	273,15 °K (0 °C)	273,15 K (0 °C)
Siedepunkt (H_2O)	373,15 °K (100 °C)	373,15 K (100 °C)
Abstand Eispunkt-Siedepunkt	100 grd	100 K
Beispiele:	$T = 340$ °K	$T = 340$ K
	$t = 340$ °K $-273{,}15$ grd	$t = 340$ K $-273{,}15$ K
	$\stackrel{\wedge}{=} 66{,}85$ °C	$\stackrel{\wedge}{=} 66{,}85$ °C
Toleranzen, Meßunsicherheiten	$T = 400$ °K ± 5 grd	$T = 400$ K ± 5 K
	$t = 50$ °C ± 2 grd	$t = (50 \pm 2)$ °C
		oder besser
		$t = 50$ °C ± 2 K

Fundstellen: 13. Generalkonferenz für Maß und Gewicht, 1967
G § 3(1)5., ST S. 424 (amtliche Begründung zu G § 3(1)5.)
AV § 36, S. 631 (Begründung zu AV § 36)
DIN 1301 (Einheiten; Teil 2, Nr. 5.1, Nr. 5.3)
DIN 1304 (Allgemeine Formelzeichen; Nr. 5.1, Nr. 5.3)
DIN 1343 (Normzustand, Normvolumen)
DIN 1345 (Thermodynamik; Formelzeichen, Einheiten)
ISO 1000—1973 (E), Nr. 4—1.1

Temperaturdifferenzen

E temperature intervall
F différence de température

auch für Intervalle, Angabe von Meßunsicherheiten und Toleranzen.

SI-Einheit: **K** (Kelvin)

weitere Einheiten:
nicht °C (Grad Celsius).

Aus der Formulierung in AV § 36 („Besonderer Name für das Kelvin nach § 3 des Gesetzes über Einheiten im Meßwesen bei der Angabe von Celsius-Temperaturen ist der Grad Celsius") kann *nicht* gefolgert werden, daß die Einheit °C auch für die Angabe von Temperaturdifferenzen erlaubt sei. Die Definition $t = T - T_0$ schließt die Verwendung der Einheit °C für Temperaturdifferenzen, Intervalle, Meßunsicherheiten und Toleranzbereiche aus. Die vom Verfasser gebildeten Beispiele verwenden deshalb die Celsius-Temperatur nur im Sinne ihrer Definition.

auch noch: grd (Grad)

Übergangsvorschriften: grd (Grad), bis zum 31. 12. 1974 zugelassen

Beziehungen: $1\,°C = 1\,K$

Formelzeichen: $\varDelta T$, $\varDelta t$ (DIN 1304, DIN 1345)

Gleichungen: $\varDelta t = t_1 - t_2 = T_1 - T_2 = \varDelta T$

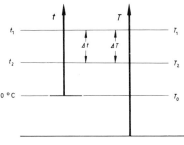

Anmerkung:

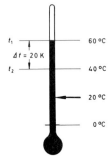

In ISO 1000 und in DIN 1301 wird zugelassen, daß die Differenz zweier Celsius-Temperaturen sowohl in Kelvin (K) als auch in Grad Celsius (°C) angegeben werden darf.
Beispiel: $\varDelta t = t_1 - t_2 = 60\,°C - 40\,°C = 20\,°C$
$= 20\,K$.
Definitionsgemäß gibt es nur eine Temperaturdifferenz, die in °C anzugeben ist, das ist die Differenz gegen 273,15 K (0 °C). Insofern verstößt im obigen Beispiel die Schreibweise $\varDelta t = 20\,°C$ gegen die Definition der Celsius-Temperatur (nach der Definition ist aber 20 °C ein definierter Punkt der Celsius-Skala). Die Schreibweise $\varDelta t = 20\,K$ dagegen ist eindeutig, sie schließt aus, daß die thermodynamische Temperatur 20 K ($T = 20\,K$) gemeint sein könnte.

Toleranzbereiche, bisher und noch: $\varDelta t = \varDelta T = (50 \pm 2)\,grd$
Meßunsicherheiten: neu: $\varDelta t = \varDelta T = (50 \pm 2)\,K$
(Beispiel)

Fundstellen: G § 3, AV § 36, ST S. 631 (Begründung zu AV § 36)
DIN 1301 (Teil 2, Nr. 5.2), DIN 1304 (Nr. 5.2), DIN 1345
ISO 1000—1973 (E), Nr. 4—1.1, 4—2.1

Temperaturleitfähigkeit

F thermal diffusity
E diffusivité thermique

Die Temperaturleitfähigkeit tritt in verschiedenen Kenngrößen bei Problemen der Wärmeübertragung auf und kann aus der Wärmeleitfähigkeit, der Dichte und der isobaren spezifischen Wärmekapazität berechnet werden. siehe auch: Wärmeleitfähigkeit, Dichte, Wärmekapazität, spezifische Wärmekapazität, u. a.

SI-Einheit: m^2/s (Quadratmeter durch Sekunde)

weitere Einheiten (Auswahl): m^2/h

nicht mehr: m^2/h über $[\lambda]$ = kcal/m h grd
und $[c_p]$ = kcal/kg grd
(siehe unten)

Übergangsvorschriften:
grd (Grad), bis zum 31. 12. 1974 zugelassen
cal (Kalorie), bis zum 31. 12. 1977 zugelassen

Beziehungen: $1\ m^2/h = \dfrac{1}{3{,}6} \cdot 10^{-3}\ m^2/s = 0{,}278 \cdot 10^{-3}\ m^2/s$

Umrechnungsfaktoren:

I: $\dfrac{1}{3600}\ \dfrac{m^2/s}{m^2/h}$

II: $3600\ \dfrac{m^2/h}{m^2/s}$

Formelzeichen: a (Temperaturleitfähigkeit), DIN 1304

Gleichungen:

$$a = \dfrac{\lambda}{\varrho \cdot c_p} \ ;$$

λ Wärmeleitfähigkeit, $[\lambda] = \dfrac{W}{K\,m}$
ϱ Dichte, $[\varrho] = kg/m^3$
c_p isobare spezifische Wärmekapazität, $[c_p] = J/(kg\ K)$

$$[a] = \dfrac{[\lambda]}{[\varrho]\,[c_p]} = \dfrac{W/(m \cdot K)}{kg/m^3 \cdot J/(kg\ K)},\ \text{und wegen}\ W = J/s$$

$$= \dfrac{J/(K \cdot m \cdot s)}{kg/m^3 \cdot J/(kg\ K)}$$

$[a] = m^2/s$

bisher:

$$[a] = \dfrac{[\lambda]}{[\varrho]\,[c_p]} = \dfrac{kcal/m\ h\ grd}{kg/m^3 \cdot kcal/kg\ grd} = m^2/h$$

$Pr = \dfrac{\nu}{a}$ PRANDTL-Kenngröße ν kinematische Viskosität

$Nu = \dfrac{\alpha \cdot l}{\lambda}$ NUSSELT-Kenngröße

α Wärmeübergangskoeffizient
l kennzeichnende Größe (hier die Länge)
λ Wärmeleitfähigkeit

Fundstellen:
DIN 1301 (Einheiten)
DIN 1304 (Allgemeine Formelzeichen; Nr. 5.16)
DIN 1341 (Wärmeübertragung; Grundbegriffe, Einheiten, Kenngrößen)
nicht ISO 1000

Viskosität, dynamische
E viscosity
F viscosité

Die dynamische Viskosität hat die Bedeutung eines Fließwiderstandes (Zähigkeit, innere Reibung) und beschreibt charakteristische Eigenschaften fließfähiger Stoffsysteme.

SI-Einheit: Pa s (Pascalsekunde)	weitere Einheiten (Auswahl): dPa s = dN s/m² cPa s = cN s/m² mPa s = mN s/m² nicht mehr: P (Poise), besonderer Name für die Dezipascalsekunde (dPa s) nicht mehr: kp s/m²
Erklärung:	1 Pascalsekunde ist gleich der dynamischen Viskosität eines laminar strömenden, homogenen Fluids, in dem zwischen zwei ebenen, parallel im Abstand 1 m angeordneten Schichten mit dem Geschwindigkeitsunterschied 1 m/s die Schubspannung 1 Pa herrscht.
Übergangs- vorschriften	P (Poise), bis zum 31. 12. 1977 zugelassen p (Pond), bis zum 31. 12. 1977 zugelassen

Beziehungen:	1 Pa s = 1 N s/m² = 1 kg/s m
	 1 dPa s = 10⁻¹ Pa s = 10⁻¹ N s/m²
	 1 cPa s = 10⁻² Pa s = 10⁻² N s/m²
	 1 mPa s = 10⁻³ Pa s = 10⁻³ N s/m²
	 1 P = 1 dPa s = 10⁻¹ Pa s = 10⁻¹ N s/m²
	                                       = 1 g/s cm
	 1 cP = 10⁻² P = 0,01 P
	           = 10⁻³ Pa s = 1 mPa s
	           = 10⁻³ N s/m² = 1 mN s/m²
	 1 kp s/m² = 98,1 P = 9,81 Pa s = 9,81 N s/m²

Formelzeichen:	η (dynamische Viskosität), DIN 1304
Gleichungen:	$\tau = \eta \cdot D = \eta \cdot \dfrac{dv_x}{dy}$; τ Schubspannung D Geschwindigkeitsgefälle
Anmerkung:	Bei einer Parallelströmung in Richtung x (Geschwindigkeit v_x) ist nach dem obigen NEWTON-Gesetz die zwischen zwei benachbarten strömenden Schichten auftretende Schubspannung proportional dem Geschwindigkeitsgefälle (Geschwindigkeitsgradient, Änderung der Geschwindigkeit senkrecht zur Strömungsrichtung) η, eine für die betreffende Flüssigkeit charakteristische Größe, ist druck- und temperaturabhängig.

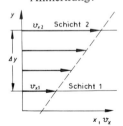

Fundstellen:	AV § 21 DIN 1301 (Einheiten; Teil 2, Nr. 3.33) DIN 1304 (Allgemeine Formelzeichen; Nr. 3.33) DIN 1342 (Viskosität newtonscher Flüssigkeiten) ISO 1000—1973 (E), Nr. 3—19.1

Viskosität, kinematische

E kinematic viscosity
F viscosité cinematique

Der Quotient aus der dynamischen Viskosität und der Dichte wird nach MAXWELL kinematische Viskosität (dichtbezogene Viskosität) genannt.

SI-Einheit:
m^2/s
(Quadratmeter durch Sekunde)

weitere Einheiten (Auswahl):
mm^2/s cm^2/s
nicht mehr: St (Stokes), besonderer Name für das Quadratzentimeter durch Sekunde (cm^2/s)
nicht mehr zugelassen: Englergrad (°E)

Erklärung: 1 Quadratmeter durch Sekunde ist gleich der kinematischen Viskosität eines homogenen Fluids der dynamischen Viskosität 1 Pa·s und der Dichte 1 kg/m³.

Übergangsvorschriften: St (Stokes), bis zum 31. 12. 1977 zugelassen

Beziehungen:

$1 \, m^2/s = 1 \, Pa \, s \, m^3/kg = 1 \, N \, m \, s/kg$

$1 \, mm^2/s = 10^{-6} \, m^2/s$

$1 \, cm^2/s = 10^{-4} \, m^2/s$

$1 \, St = 1 \, cm^2/s = 10^{-4} \, m^2/s$

$1 \, cSt = 10^{-2} \, St = 10^{-6} \, m^2/s = 1 \, mm^2/s$

Formelzeichen: ν (kinematische Viskosität), DIN 1304

Gleichung: $\nu = \eta/\varrho$; η dynamische Viskosität, $[\eta] = Pa \, s = kg/(s \cdot m)$
ϱ Dichte, $[\varrho] = kg/m^3$

Anmerkung: Viskosimeter sind Geräte zur Bestimmung des Fließwiderstandes von Stoffen. Der mit dem Engler-Viskosimeter ermittelte Englergrad ist eine Verhältniszahl zwischen der Auslaufzeit von 200 cm³ Prüfflüssigkeit und 200 cm³ destilliertem Wasser aus einer bestimmten Düse bei der gleichen Temperatur.
z. B. 100 cSt = 13,2 °E.

Fundstellen: AV § 22
DIN 1301 (Einheiten; Teil 2, Nr. 3.34)
DIN 1304 (Allgemeine Formelzeichen; Nr. 3.34)
DIN 1342 (Viskosität newtonscher Flüssigkeiten)
DIN 1952 (Durchflußmessung)
DIN 51 560 (Prüfung von Mineralölen, flüssigen Brennstoffen und verwandten Flüssigkeiten; Bestimmung der relativen Ausflußzeit mit dem Engler-Gerät)
ISO 1000—1973 (E), Nr. 3—20.1

Volumen

E volume
F volume

siehe auch: Länge, Normvolumen, spezifisches Volumen, Dichte u. a.

SI-Einheit:
m^3
(Kubikmeter,
Meter hoch drei)

weitere Einheiten (Auswahl):
mm^3 cm^3 dm^3
1 (Liter), der Name Liter ist Synonym für Kubikdezimeter (dm^3), 12. Generalkonferenz für Maß und Gewicht, 1964; mit Vorsätzen z. B. ml cl hl
nicht mehr zugelassen:
m_n^3, Nm^3, m^3_n (Normkubikmeter) zur Kennzeichnung des Normzustandes von Gasen
λ (Lambda) für µl (Mikroliter)

Erklärung:

1 Kubikmeter ist gleich dem Volumen eines Würfels von der Kantenlänge 1 m.

Übergangsvorschriften:

Abkürzung Fm (Festmeter), besonderer Name für das Kubikmeter bei Volumenangaben für Langholz; bis zum 31. 12. 1974 zugelassen

Abkürzung Rm (Raummeter), besonderer Name für das Kubikmeter bei Volumenangaben für geschichtetes Holz; bis zum 31. 12. 1974 zugelassen

Abkürzungen cbm cdm ccm cmm
für die Einheitenzeichen
m^3 dm^3 cm^3 mm^3
bis zum 31. 12. 1974 zugelassen

Beziehungen:

$1 mm^3 = 10^{-9} m^3$
$1 cm^3 = 10^{-6} m^3$
$1 dm^3 = 10^{-3} m^3$
$1 l = 1 dm^3 = 10^{-3} m^3$
$1 hl = 100 l = 100 dm^3 = 0{,}1 m^3$
$1 ml = 10^{-3} l = 10^{-3} dm^3 = 1 cm^3 = 10^{-6} m^3$
$1 cl = 10^{-2} l = 10 cm^3, = 10^{-5} m^3$
$1 µl = 10^{-6} l$ (*nicht* $= 1 λ$!!)

1 Festmeter $= 1 m^3$
1 Raummeter $= 1 m^3$

Formelzeichen:

V, τ (Volumen, Rauminhalt), DIN 1304, DIN 1345
v (spezifisches Volumen), DIN 1304, DIN 1345

Fundstellen:

AV § 4, AV § 52 (2) 3., AV § 54 (1)
ST S. 626, S. 635, S. 637 (Begründung zu AV § 4, AV § 52, AV § 54)
DIN 1301 (Einheiten; Teil 2, Nr. 1.6)
DIN 1304 (Allgemeine Formelzeichen; Nr. 1.6, Nr. 3.6)
DIN 1306, DIN 1343, DIN 1345
ISO 1000—1973 (E), Nr. 1—5.1

Volumen, spezifisches

E specific volume
F volume massique

Das spezifische Volumen eines Stoffes ist der Quotient aus dem Volumen und der Masse.
siehe auch: Volumen, Masse, Dichte, Normvolumen, Normdichte, spezifische Größe u. a.

SI-Einheit:
m^3/kg
(Kubikmeter durch Kilogramm)

weitere Einheiten (Auswahl):
cm^3/g dm^3/g
nicht mehr zugelassen:
m_n^3, Nm^3, m^3_n (Normkubikmeter), zur Kennzeichnung des Normzustandes von Gasen

Beziehungen:

$$1 \text{ cm}^3/g = 1 \ \frac{cm^3}{g} \cdot 10^{-6} \ \frac{m^3}{cm^3} \cdot 10^3 \ \frac{g}{kg}$$

$$= 10^{-3} \ \frac{m^3}{kg}$$

$1 \text{ dm}^3/g = 1 \text{ m}^3/kg$

Formelzeichen:
v (spezifisches Volumen), DIN 1304, DIN 1345
v_n (spezifisches Volumen im Normzustand), DIN 1343

Gleichungen:
(Beispiele)

$$v = \frac{V}{m} = \frac{1}{\varrho} \quad \text{(allgemeingültig)}$$

V Volumen, m Masse, ϱ Dichte

$$v = \frac{R \cdot T}{p} \quad \text{(Thermodynamik)},$$

T thermodynamische Temperatur
p Druck (absolut)
R Gaskonstante (spezielle)

$$v_n = \frac{(V_m)_n}{M_r} \quad \text{(Thermodynamik)}$$

$(V_m)_n$ molares Volumen im Normzustand
M_r relative Molekülmasse

Normzustand für feste, flüssige oder gasförmige Stoffe (DIN 1343):
Normtemperatur $T_n = 273{,}15$ K; $t_n = 0$ °C
Normdruck $p_n = 1{,}013\ 25$ bar $= 1$ atm $= 760$ Torr

Fundstellen:
DIN 1301 (Einheiten; Teil 1, Teil 2)
DIN 1304 (Allgemeine Formelzeichen; Nr. 3.6)
DIN 1306 (Dichte, Begriffe)
DIN 1343 (Normzustand, Normvolumen)
DIN 1345 (Thermodynamik; Formelzeichen, Einheiten)
nicht ISO 1000
WINTER, F. W.: Technische Wärmelehre, 9. Aufl.,
Verlag W. Girardet, Essen 1975, siehe [20]

Volumenstrom (Volumendurchfluß)

E volumetric flow
F débit volumétrique

Der Volumenstrom ist der Quotient aus dem Volumen und der zugehörigen Zeit.
siehe auch: Volumen, Zeit, zeitabhängige Größen u. a.

SI-Einheit:
m^3/s
(Kubikmeter durch Sekunde)

weitere Einheiten (Auswahl):
l/s dm³/s l/min l/h m³/h
nicht mehr zugelassen:
m_n^3/h, Nm^3/h, m_n^3/h, l_n/h, Nl/h usw. zur Kennzeichnung des zeitabhängigen Normvolumens

Erklärung:

1 Kubikmeter durch Sekunde ist gleich dem Volumenstrom oder Volumendurchfluß eines homogenen Fluids mit dem Volumen 1 m³, das während der Zeit 1 s gleichförmig durch einen Strömungsquerschnitt fließt.

Beziehungen:

1 l/s = 10^{-3} m³/s = 1 dm³/s
1 dm³/s = 10^{-3} m³/s = 1 l/s

1 l/min = $\dfrac{1}{60}$ l/s = 60 l/h

1 l/h = $\dfrac{1}{3,6}$ 10^{-6} m³/s ; $3,6 \cdot 10^6$ l/h = 1 m³/s

1 m³/h = $\dfrac{1}{3,6}$ 10^{-3} m³/s ; 3600 m³/h = 1 m³/s

Formelzeichen:

$\dot{V}$, Q, q_v (Volumenstrom, Volumendurchfluß),
DIN 1304, DIN 5492, DIN 1952
$\dot{V}_n$, Q_n, $(q_v)_n$ Volumenstrom im Normzustand

Gleichungen:
(Auswahl)

$q_{\dot{V}} = \alpha \varepsilon A_d \sqrt{2 \Delta p / \varrho_1} = \alpha \varepsilon m\, A_D \sqrt{2 \Delta p / \varrho_1}$
Durchflußgleichung für Volumendurchfluß
$q_{\dot{V}}$ Volumendurchfluß, $[q_{\dot{V}}]$ = m³/s
α Durchflußzahl, ε Expansionszahl
m Öffnungsverhältnis bei Betriebstemperatur
$m = A_d/A_D = d^2/D^2$
A_d Öffnungsquerschnitt des Drosselgerätes bei Betriebstemperatur
A_D Rohrquerschnitt bei Betriebstemperatur
$[A_d] = [A_D] = m^2$
$\Delta p = p_1 - p_2$ Wirkdruck, $[\Delta p] = N/m^2$
ϱ_1 Dichte des Meßstoffes vor dem Drosselgerät
$[\varrho_1] = kg/m^3$

Fundstellen:

AV § 17
DIN 1301 (Einheiten; Teil 1, Teil 2)
DIN 1304 (Allgemeine Formelzeichen; Nr. 2.26)
DIN 5490 (Gebrauch der Wörter bezogen, usw.)
DIN 5492 (Strömungsmechanik)
DIN 1952 (VDI-Durchflußmeßregeln)
nicht ISO 1000—1973 (E)

Wärme, Wärmemenge

E heat, quantity of heat
F quantité de chaleur

Wärmemenge, Energie und Arbeit sind Größen gleicher Art (daher gleiche SI-Einheit).
siehe auch: Energie, Arbeit, Kraft, Länge, Zeit, Leistung

SI-Einheit: J (Joule, Aussprache: „dschul")

weitere Einheiten (Auswahl):
TJ GJ MJ kJ mJ
auch: kN m   N m   mN m usw. (siehe Arbeit)
auch: W s   kW h usw. (siehe Arbeit, elektrische)
nicht mehr: erg (Erg), dyn (Dyn), kp m, kcal

Erklärung: 1 Joule ist gleich der Arbeit, die verbraucht wird, wenn der Angriffspunkt der Kraft 1 N in Richtung der Kraft um 1 m verschoben wird.

Übergangsvorschriften: erg (Erg), dyn (Dyn), p (Pond), cal (Kalorie), alle bis zum 31. 12. 1977 zugelassen

Beziehungen:

$1\text{ J} = 1\text{ N m} = 1\text{ W s} = 1\text{ kg m}^2/\text{s}^2$
$1\text{ TJ} = 10^{12}\text{ J}$
$1\text{ GJ} = 10^9\text{ J}$
$1\text{ MJ} = 10^6\text{ J} = 10^3\text{ kJ}$
$1\text{ kJ} = 10^3\text{ J}$
$1\text{ mJ} = 10^{-3}\text{ J}$
$1\text{ kW s} = 10^3\text{ W s} = 10^3\text{ J} = 1\text{ kJ} = 1\text{ kN m}$
$1\text{ kW h} = 3{,}6\text{ MJ} = 3{,}6\text{ MN m}$
$1\text{ erg} = 1\text{ dyn cm} = 10^{-7}\text{ J} = 1\text{ g cm}^2/\text{s}^2$
$10^7\text{ erg} = 1\text{ J} = 1\text{ N m} = 1\text{ kg m}^2/\text{s}^2$
$1\text{ kp m} = 9{,}806\ 65\text{ N m} \approx 10\text{ N m} = 10\text{ J}$
$1\text{ kcal} = 4{,}186\ 8\text{ kJ} \approx 4{,}2\text{ kJ}$
$1\text{ kcal} = 426{,}8\text{ kp m}$ (diese Beziehung wurde früher mechanisches Wärmeäquivalent genannt)

(Diagramm: Systemgrenze, System, Energie, Wärme, Arbeit, Umgebung)

Umrechnungsfaktoren:

	I	II
z. B.	$4{,}2\ \dfrac{\text{kJ}}{\text{kcal}}$	$0{,}24\ \dfrac{\text{kcal}}{\text{kJ}}$

Formelzeichen: Q (Wärme, Wärmemenge), DIN 1304, DIN 1345

Anmerkung: Die Größe Q (Wärmemenge) wird in der Thermodynamik neuerdings Wärme genannt. Auf diese Weise soll betont werden, daß Wärme, wie die Arbeit, eine Größe ist, die zwischen System und Umgebung über die Grenzen des Systems übertragen wird, während die Energie dem System selbst zugeordnet ist.

Fundstellen: AV § 23, ST. S. 630 (Begründung zu AV § 23), AV § 51
DIN 1301 (Einheiten; Teil 2, Nr. 5.7)
DIN 1304 (Allgemeine Formelzeichen; Nr. 5.7)
DIN 1345 (Thermodynamik; Formelzeichen, Einheiten)
DIN 66 035 (Umrechnungstabellen cal-J, J-cal)
ISO 1000—1973 (E), Nr. 4—4.1

Wärmekapazität

E heat capacity
F capacité thermique

Die Wärmekapazität $(C = m \cdot c)$ eines Stoffes ist die zu seiner Erwärmung oder Abkühlung um 1 K (1 grd) erforderliche Wärmemenge.
Wärmekapazität und Entropie sind Größen gleicher Art (daher gleiche SI-Einheit).

SI-Einheit:
J/K
(Joule durch Kelvin)

weitere Einheiten (Auswahl):
GJ/K   MJ/K   kJ/K
nicht mehr: Gcal/K   Mcal/K   kcal/K   cal/K
             Gcal/grd Mcal/grd kcal/grd cal/grd
nicht mehr zugelassen: Cl (Clausius) für cal/grd

Übergangs-
vorschriften:

grd (Grad), bis zum 31. 12. 1974 zugelassen
cal (Kalorie), bis zum 31. 12. 1977 zugelassen

Beziehungen:

1 cal = 4,187 J ≈ 4,2 J
1 kcal = 4,187 kJ ≈ 4,2 kJ
1 GJ/K = 10^9 J/K = 10^6 kJ/K
1 MJ/K = 10^6 J/K = 10^3 kJ/K
1 kJ/K = 10^3 J/K

1 Gcal/K = 1 Gcal/grd = 10^9 cal/K = 10^9 cal/grd
                     = 10^6 kcal/K = 10^6 kcal/grd
        ≈ $4,2 \cdot 10^6$ kJ/K = 4,2 GJ/K

1 Mcal/K = 1 Mcal/grd = 10^6 cal/K = 10^6 cal/grd
                     = 10^3 kcal/K = 10^3 kcal/grd
        ≈ $4,2 \cdot 10^3$ kJ/K = 4,2 MJ/K

1 kcal/K = 1 kcal/grd = 4 187 J/K ≈ 4,2 kJ/K
1 cal/K = 1 cal/grd = 4,187 J/K ≈ 4,2 J/K
1 Cl = 1 cal/grd = 1 cal/°K

1 J = 1 N m = 1 W s; diese Beziehung kann in den obigen Einheiten austauschbar benutzt werden, sofern dies physikalisch sinnvoll oder in Einheitengleichungen und bei Einheitenproben erforderlich ist.

Umrechnungs-
faktoren:

I	II
$4,2 \dfrac{\text{kJ/K}}{\text{kcal/grd}}$	$0,24 \dfrac{\text{kcal/grd}}{\text{kJ/K}}$

Formelzeichen:
C (Wärmekapazität), DIN 1304, DIN 1345
C_m (molare Wärmekapazität), DIN 1345
c (spezifische Wärmekapazität), DIN 1304, DIN 1345

Gleichungen:
$C_m = C/n$; $c = C/m$; n Stoffmenge, m Masse
$Q = m \cdot c \cdot (t_2 - t_1)$ Q Wärmemenge, t Celsius-Temperatur

Fundstellen:
DIN 1301 (Einheiten; Teil 2, Nr. 5.17, Nr. 5.18)
DIN 1304 (Allgemeine Formelzeichen; Nr. 5.17, Nr. 5.18)
DIN 1345 (Thermodynamik; Formelzeichen, Einheiten)
ISO 1000—1973 (E), Nr. 4—10.1

Wärmeleitfähigkeit

E thermal conductivity
F conductivité thermique

Die Wärmeleitfähigkeit (bisher Wärmeitzahl genannt) beschreibt die Wärmeleitung in Flüssigkeiten, Gasen und festen Stoffen.
siehe auch: Kenngrößen der Wärmeübertragung.

SI-Einheit:	weitere Einheiten (Auswahl):
W/(K m)	kW/K m W/K cm kJ/m h K J/m h K
(Watt durch	nicht mehr: kJ/m h grd J/m h grd
Kelvinmeter)	kcal/m h grd cal/cm s grd
	kcal/m h K cal/cm s K

Übergangs- grd (Grad), bis zum 31. 12. 1974 zugelassen
vorschriften: cal (Kalorie), bis zum 31. 12. 1977 zugelassen

Beziehungen:

$1\,J = 1\,Ws = 1\,Nm$
$1\,kW/(K\,m) = 10^3\,W/(K\,m)$
$1\,W/(K\,cm) = 10^2\,W/(K\,m)$
$1\,kJ/(m\,h\,K) = \frac{1}{3,6}\,W/(K\,m) = 0{,}278\,W/(K\,m)$
$1\,J/(m\,h\,K) = 0{,}278 \cdot 10^{-3}\,W/(K\,m) = 0{,}278\,mW/(K\,m)$
$1\,KJ/(m\,h\,grd) = 1\,kJ/(m\,h\,K) = 0{,}278\,W/(K\,m)$
$1\,J/(m\,h\,grd) = 1\,J/(m\,h\,K) = 0{,}278\,mW/(K\,m)$
$1\,kcal/(m\,h\,grd) = 1{,}163\,W/(K\,m)$
$1\,cal/(cm\,s\,grd) = 418{,}68\,W/(K\,m) \approx 0{,}42\,kW/(K\,m)$
$1\,kcal/(m\,h\,K) = 1\,kcal/(m\,h\,grd) = 1{,}163\,W/(K\,m)$
$1\,cal/(cm\,s\,K) = 1\,cal/(cm\,s\,grd) = 418{,}68\,W/(K\,m)$

Umrechnungs-
faktoren:

I	II
$1{,}163\,\dfrac{W/(K\,m)}{kcal/(m\,h\,grd)}$	$0{,}86\,\dfrac{kcal/(m\,h\,grd)}{W/(K\,m)}$

Formelzeichen: λ (Wärmeleitfähigkeit), DIN 1304

Gleichungen:

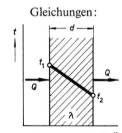

$Q = \dfrac{\lambda \cdot A}{d}(t_1 - t_2)\,;$
(ebene Platte)

Q Wärmemenge, A Fläche
d Dicke (ebene Platte)
t_1, t_2 Oberflächentemperaturen der Platte

$Q = 2\pi\lambda\,\dfrac{t_i - t_a}{\ln d_a/d_i}\,;$
(Rohr)

t_i, t_a Temperaturen des Rohres (innen und außen)
d_a, d_i Rohrdurchmesser

Fundstellen: DIN 1301 (Einheiten; Teil 2, Nr. 5.13)
DIN 1304 (Allgemeine Formelzeichen; Nr. 5.13)
DIN 1341 (Wärmeübertragung; Grundbegriffe, Einheiten, Kenngrößen)
ISO 1000—1973 (E), Nr. 4—7.1

Wärmeübergangskoeffizient

E thermal conductivity
F conductivité thermique

Der Wärmeübergangskoeffizient (bisher Wärmeübergangszahl genannt) beschreibt den Wärmeübergang zwischen einem festen Körper und einem strömenden Medium (Gas oder Flüssigkeit).
siehe auch: Kenngrößen der Wärmeübertragung.

SI-Einheit:
$W/(K\ m^2)$
(Watt durch Kelvinmeter)

weitere Einheiten (Auswahl):
$kW/(K\ m^2)$ $W/(K\ cm^2)$ $kJ/(m^2\ h\ K)$ $J/(m^2\ h\ K)$
nicht mehr: $kJ/m^2\ h\ grd$ $J/m^2\ h\ grd$
            $kcal/m^2\ h\ grd$ $kcal/m^2\ h\ K$
            $cal/cm^2\ s\ grd$ $cal/cm^2\ s\ K$

Übergangsvorschriften:
grd (Grad), bis zum 31. 12. 1974 zugelassen
cal (Kalorie), bis zum 31. 12. 1977 zugelassen

Beziehungen:

1 J	= 1 W s	= 1 N m
1 cal	= 4,187 J ≈ 4,2 J	= 4,2 W s
1 kcal	= 4,187 kJ ≈ 4,2 kJ	= 4,2 kW s
$1\ kW/(K\ m^2)$	$= 10^3\ W/(K\ m^2)$	
$1\ W/(K\ cm^2)$	$= 10^4\ W/(K\ m^2)$	$= 10\ kW/(K\ m^2)$
$1\ kJ/(m^2\ h\ K)$	$= 0,278\ W/(K\ m^2)$	
$1\ J/(m^2\ h\ K)$	$= 0,278 \cdot 10^{-3}\ W/(K\ m^2)$	$= 0,278\ mW/(K\ m^2)$
$1\ kJ/(m^2\ h\ grd)$	$= 1\ kJ/(m^2\ h\ grd)$	$= 0,278\ W/(K\ m^2)$
$1\ J/(m^2\ h\ grd)$	$= 1\ J/(m^2\ h\ K)$	$= 0,278\ mW/(K\ m^2)$
$1\ kcal/(m^2\ h\ grd)$	$= 1\ kcal/(m^2\ h\ K)$	$= 1,163\ W/(K\ m^2)$
$1\ cal/(cm^2\ s\ grd)$	$= 1\ cal/(cm^2\ s\ K)$	$= 41,87 \cdot 10^3\ W/(K\ m^2)$
	$= 4,187\ W/(K\ cm^2)$	

Umrechnungsfaktoren:

I
$$1{,}163 \frac{W/(K\ m^2)}{kcal/(m^2\ h\ grd)}$$

II
$$0{,}86 \frac{kcal/(m^2\ h\ grd)}{W/(K\ m^2)}$$

Formelzeichen: α, h (Wärmeübergangskoeffizient), DIN 1304

Gleichungen:

$$\alpha = \frac{Nu \cdot \lambda}{l};$$

Nu NUSSELT-Kenngröße
λ Wärmeleitfähigkeit
l kennzeichnende Abmessung

$$Q = \alpha \cdot A \cdot (t_k - t_a);$$

Q Wärmemenge
A Fläche
t_k Temperatur der Oberfläche des festen Körpers
t_a Temperatur des strömenden Mediums

Fundstellen:
DIN 1301 (Einheiten; Teil 2, Nr. 5.14)
DIN 1304 (Allgemeine Formelzeichen; Nr. 5.14)
DIN 1341 (Wärmeübertragung; Grundbegriffe, Einheiten, Kenngrößen)
ISO 1000—1973 (E), Nr. 4—8.1
WINTER, F. W.: Technische Wärmelehre, siehe [20]

Winkel, ebener (Winkel)

E plane angle
F angle plane

SI-Einheit: rad (Radiant)

siehe auch: Winkelgeschwindigkeit, Zeit, Drehzahl, Bogenlänge u. a.

weitere Einheiten (Auswahl):
μrad   mrad
2π rad (Vollwinkel), ∟ (Rechter Winkel), ° (Grad), ' (Minute), " (Sekunde); gon (Gon).
Vorsätze *nicht* anwenden bei Vollwinkel, ∟, °, ', ".
auch noch ᶜ (Neuminute), ᶜᶜ (Neusekunde), ᵍ (Neugrad)
nicht mehr zugelassen:
Artilleristischer Strich (1⁻) für 1 ∟/1600, Dez für 1 ∟/9,
Nautischer Strich für 1 ∟/8.

Erklärung: 1 Radiant ist gleich dem ebenen Winkel, der als Zentriwinkel eines Kreises vom Halbmesser 1 m aus dem Kreis einen Bogen der Länge nach 1 m ausschneidet.

Übergangsvorschriften: ᶜ (Neuminute), ᶜᶜ (Neusekunde), bis zum 31.12.1977 zugelassen. Neuminute und Neusekunde sind zu ersetzen durch gon mit Vorsätzen. ᵍ (Neugrad) für gon (Gon) bis zum 31.12.1974 zugelassen

Beziehungen: 1 rad = 1 m/1 m = 1
(1 steht hier für das Verhältnis gleicher SI-Einheiten; die Einheit rad kann deshalb beim Rechnen fehlen.)

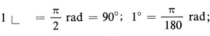

$1\,\mu\text{rad} = 10^{-6}\,\text{rad}$; $1\,\text{mrad} = 10^{-3}\,\text{rad}$
1 Vollwinkel $= 2\pi\,\text{rad} = 360°$

$1\,\llcorner = \dfrac{\pi}{2}\,\text{rad} = 90°$; $1° = \dfrac{\pi}{180}\,\text{rad}$;

$1' = 1/60° = \dfrac{\pi}{10\,800}\,\text{rad}$

$1'' = 1/60' = \dfrac{\pi}{64\,800}\,\text{rad}$

$1\,\text{gon} = \dfrac{90°}{100} = \dfrac{\pi}{200}\,\text{rad}$

$1^{\text{c}} = 10^{-2}\,\text{gon} = \dfrac{\pi}{20\,000}\,\text{rad} = 1\,\text{cgon}$

$1^{\text{cc}} = 10^{-4}\,\text{gon} = \dfrac{\pi}{2\,000\,000}\,\text{rad} = 0{,}1\,\text{mgon}$

1 art. Strich (1⁻) = 1 ∟/1600 = (1/16)ᵍ = $\dfrac{\pi}{3200}$ rad
1 Dez = 1 ∟/9 = 10° = 0,175 rad
1 naut. Strich = 1 ∟/8 = $\dfrac{\pi}{16}$ rad

Formelzeichen: α, β, γ (Winkel), DIN 1304

Fundstellen:
AV § 5, AV § 51 (2) 2., AV § 53 1.
ST S. 626, S. 635, S. 636 (Begründung zu AV § 5, § 51, § 53)
DIN 1301 (Einheiten; Teil 2, Nr. 1.1)
DIN 1304 (Allgemeine Formelzeichen; Nr. 1.1)
DIN 1315 (Winkel; Begriffe, Einheiten)
ISO 1000—1973 (E), Nr. 1—1.1

Winkel, räumlicher (Raumwinkel)
E solid angle
F angle solide

siehe auch: ebener Winkel (Winkel), Lichtstärke, Lichtstrom u. a.

SI-Einheit:
sr
(Steradiant)

weitere Einheiten:
nicht mehr zugelassen:

Quadratgon $(^g)^2$ für $\left(\dfrac{\pi}{200}\right)^2$ sr

Quadratgrad [$\square^\circ$ oder $(^\circ)^2$] für $\left(\dfrac{\pi}{180}\right)^2$ sr

Erklärung:

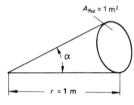

1 Steradiant ist gleich dem räumlichen Winkel, der als gerader Kreiskegel mit der Spitze im Mittelpunkt einer Kugel vom Halbmesser 1 m aus der Kugeloberfläche eine Kalotte der Fläche 1 m² ausschneidet.

(Zusatz: ein räumlicher Winkel [oder Raumwinkel] kann gemessen werden durch das Verhältnis der von ihm aus einer Kugeloberfläche [um seinen Scheitel] ausgeschnittenen Fläche zum Quadrat des Kugelradius. DIN 1315.)

Beziehungen: $1 \text{ sr} = 1 \text{ m}^2/\text{m}^2 = \dfrac{1 \text{ m}^2}{1 \text{ m}^2} = 1$

(1 steht hier für das Verhältnis gleicher SI-Einheiten, Größenverhältnis; die Einheit sr kann deshalb beim Rechnen fehlen.)

$1 \ (^g)^2 = \left(\dfrac{\pi}{200}\right)^2$ sr (siehe oben)

$1 \ \square^\circ = (^\circ)^2 = \left(\dfrac{\pi}{180}\right)^2$ sr (siehe oben)

Formelzeichen: Ω, ω (Raumwinkel), DIN 1304

Gleichungen: $A_{\text{Kal.}} = 4\pi r^2 \sin^2 \dfrac{\alpha}{4}$

Teil einer Kugeloberfläche (Kalotte), die ein Strahlungskegel mit dem Öffnungswinkel α aus einer Kugel mit dem Radius r ausschneidet.

Der diesem Strahlungskegel zugehörige Raumwinkel ist:

$\Omega = 4\pi \sin^2 \dfrac{\alpha}{4}$ sr

Fundstellen:
AV § 6
DIN 1301 (Einheiten; Teil 2, Nr. 1.3)
DIN 1304 (Allgemeine Formelzeichen; Nr. 1.3)
DIN 1315 (Winkel; Begriffe, Einheiten)
ISO 1000—1973 (E), Nr. 1—2.1

Winkelbeschleunigung

E angular acceleration
F accélération angulaire

Die Winkelbeschleunigung ist der Quotient aus der Winkelgeschwindigkeitsänderung und dem zugehörigen Zeitintervall.
siehe auch: Winkelgeschwindigkeit, Winkel (ebener Winkel), Zeit, Geschwindigkeit, Beschleunigung u. a.

SI-Einheit:
rad/s²
(Radiant durch Sekunde hoch zwei)

weitere Einheiten (Auswahl):
°/s²

Erklärung: 1 Radiant durch Sekundenquadrat ist gleich der Winkelbeschleunigung eines Körpers, dessen Winkelgeschwindigkeit sich während der Zeit 1 s gleichmäßig um 1 rad/s ändert.

Beziehungen:

$$1\,°/s^2 = \frac{\pi}{180}\,rad/s^2$$

$$\frac{180°}{\pi}\,/s^2 = 1\,rad/s^2$$

$$57{,}4°\,/s^2 = 1\,rad/s^2$$

Formelzeichen: α (Winkelbeschleunigung), DIN 1304, DIN 5497

Gleichung: $\alpha = \dfrac{d\omega}{dt}$

Fundstellen:
AV § 16
DIN 1301 (Einheiten; Teil 1, Teil 2)
DIN 1304 (Allgemeine Formelzeichen; Nr. 2.16)
DIN 1315 (Winkel; Begriffe, Einheiten)
DIN 5497 (Mechanik, starre Körper; Formelzeichen)
nicht ISO 1000—1973 (E)

Winkelgeschwindigkeit

E angular velocity
F vitesse angulaire

Die Winkelgeschwindigkeit ist der Quotient aus der Winkeländerung und dem zugehörigen Zeitintervall.
siehe auch: Winkel, Zeit, Winkelbeschleunigung, Geschwindigkeit, Beschleunigung u. a.

SI-Einheit:
rad/s
(Radiant durch Sekunde)

weitere Einheiten (Auswahl):
rad/min   °/s

Erklärung: 1 Radiant durch Sekunde ist gleich der Winkelgeschwindigkeit eines gleichförmig rotierenden Körpers, der sich während der Zeit 1 s um den Winkel 1 rad um die Rotationsachse dreht.

Beziehungen:
$1 \text{ rad/min} = 1 \text{ rad}/60 \text{ s} = \frac{1}{60} \text{ rad/s}$

$60 \text{ rad/min} = 1 \text{ rad/s}$

$1 \text{ °/s} = \frac{\pi}{180} \text{ rad/s}$

$\frac{180°}{\pi} /s = 57{,}4 \text{ °/s} = 1 \text{ rad/s}$

Formelzeichen: ω, Ω (Winkelgeschwindigkeit), DIN 1304, DIN 5497

Gleichung: $\omega = \frac{d\varphi}{dt}$

Fundstellen:
AV § 15
ST S. 629 (Begründung zu AV § 15)
DIN 1301 (Einheiten; Teil 2, Nr. 2.15)
DIN 1304 (Allgemeine Formelzeichen; Nr. 2.15)
DIN 1315 (Winkel; Begriffe, Einheiten)
DIN 5497 (Mechanik, starre Körper; Formelzeichen)
ISO 1000—1973 (E), Nr. 1—8.1

Zeit *(Basisgröße)*
E time
F temps

	siehe auch: Länge, Weg, Geschwindigkeit, Beschleunigung, zeitabhängige Größen u. a.
SI-Einheit: s (Sekunde)	weitere Einheiten (Auswahl): ks ms µs ns
Basiseinheit	min (Minute), h (Stunde), d (Tag), a (Jahr); Vorsätze für min, h, d und a *nicht* anwenden; das Jahr (a) ist in AV § 11 nicht genannt. *nicht* mehr zugelassen: Amin (Arbeitsminuten), Ah (Arbeitsstunden), σ (Sigma) für 10^{-6} s
Definition:	1 Sekunde ist das 9192631770fache der Periodendauer der dem Übergang zwischen den beiden Hyperfeinstrukturniveaus des Grundzustandes von Atomen des Nuklids ^{133}Cs entsprechenden Strahlung.

Beziehungen:
$1 \text{ ks} = 10^3 \text{ s}$
$1 \text{ ms} = 10^{-3} \text{ s}$
$1 \text{ µs} = 10^{-6} \text{ s}$
$1 \text{ ns} = 10^{-9} \text{ s}$
$1 \text{ min} = 60 \text{ s}$
$1 \text{ h} = 60 \text{ min} = 3600 \text{ s}$
$1 \text{ d} = 24 \text{ h} = 86400 \text{ s}$
$1 \text{ a} = 8760 \text{ h}$ (Energiewirtschaft, z. B. für jährliche Energiebilanzen)

Umrechnungsfaktoren:

I	II
z. B. $60 \dfrac{\text{s}}{\text{min}}$	$\dfrac{1}{60} \dfrac{\text{min}}{\text{s}}$

Formelzeichen:
t (Zeit, Zeitspanne, Dauer), DIN 1304
T (Periodendauer, Schwingungsdauer), DIN 1304
τ, *T* (Zeitkonstante), DIN 1304

Anmerkung:
Zeitpunkt und Zeitspanne werden durch eine sinnvolle Schreibweise unterschieden.
5h bedeutet immer eine Zeitspanne (5 Stunden),
5ʰ dagegen einen Zeitpunkt (5 Uhr). Bei Zeitpunkten in gemischter Form, z. B. 3ʰ12ᵐ4ˢ (12 Minuten und 4 Sekunden *nach* 3 Uhr), darf das Zeichen min auf m verkürzt werden (DIN 1355).

Fundstellen:
13. Generalkonferenz für Maß und Gewicht, 1967 G § 3 (1) 3.,
G § 3 (4), ST S. 418...421 (amtliche Begründung zu G § 3)
AV § 11, ST S. 627...629 (Begründung zu AV § 11)
DIN 1301 (Einheiten; Teil 2, Nr. 2.1)
DIN 1304 (Allgemeine Formelzeichen; Nr. 2.1, 2.2, 2.3)
DIN 5483 (Zeitabhängige Größen; Formelzeichen)
ISO 1000—1973 (E), Nr. 1—1.6

6 Tabellen

6.1 Übergangsvorschriften (befristet zugelassene Einheiten), AV § 51 ... § 53

Einheit Einheitenname	Einheitenzeichen	Beziehung	zugelassen bis	Bemerkung
Ångström	Å	$1\,\text{Å} = 10^{-10}\,\text{m}$	31. 12. 1977	
typographischer Punkt	p	$1\,\text{p} = \dfrac{1{,}000333}{2660}\,\text{m}$	31. 12. 1977	nur für satztechnische Längenangaben im Druckereigewerbe, siehe DIN 16507
Barn	b	$1\,\text{b} = 10^{-28}\,\text{m}^2$	31. 12. 1977	nur zur Angabe des Wirkungsquerschnitts von Teilchen in der Atom- und Kernphysik
Neugrad	g	$1^g = 1\,\text{gon}$	31. 12. 1974	
Neuminute	c	$1^c = \dfrac{\pi}{2 \cdot 10^4}\,\text{rad}$	31. 12. 1977	zu ersetzen durch Gon mit Vorsätzen
Neusekunde	cc	$1^{cc} = \dfrac{\pi}{2 \cdot 10^6}\,\text{rad}$	31. 12. 1977	
Gal	Gal	$1\,\text{Gal} = 10^{-2}\,\text{m/s}^2$	31. 12. 1977	nur bei Angabe von Fallbeschleunigungen
Dyn	dyn	$1\,\text{dyn} = 10^{-5}\,\text{N}$	31. 12. 1977	
Pond	p	$1\,\text{p} = 980665 \cdot 10^{-8}\,\text{N}$	31. 12. 1977	$1\,\text{kp} \approx 10\,\text{N}$
physikalische Atmosphäre	atm	$1\,\text{atm} = 101325\,\text{Pa} = 1{,}01325\,\text{bar}$	31. 12. 1977	
technische Atmosphäre	at	$1\,\text{at} = 98066{,}5\,\text{Pa} = 0{,}980665\,\text{bar}$	31. 12. 1977	
Torr	Torr	$1\,\text{Torr} = \dfrac{101325}{760}\,\text{Pa} = 1{,}333224\,\text{mbar}$	31. 12. 1977	
konventionelle Meter-Wassersäule	mWS	$1\,\text{mWS} = 9806{,}65\,\text{Pa} = 98{,}0665\,\text{mbar}$	31. 12. 1977	
konventionelle Millimeter-Quecksilbersäule	mmHg	$1\,\text{mmHg} = 133{,}322\,\text{Pa} = 1{,}33322\,\text{mbar}$	31. 12. 1977	
	mmHg	$1\,\text{mmHg} = 133{,}322\,\text{Pa}$	31. 12. 1979	für den Blutdruck
Erg	erg	$1\,\text{erg} = 10^{-7}\,\text{J}$	31. 12. 1977	
Kalorie	cal	$1\,\text{cal} = 4{,}1868\,\text{J}$	31. 12. 1977	
Pferdestärke	PS	$1\,\text{PS} = 735{,}49875\,\text{W}$	31. 12. 1977	
Poise	P	$1\,\text{P} = 10^{-1}\,\text{Pa}\,\text{s}$	31. 12. 1977	
Stokes	St	$1\,\text{St} = 10^{-4}\,\text{m}^2/\text{s}$	31. 12. 1977	
Grad Kelvin	°K	$1\,°\text{K} = 1\,\text{K}$	5. 7. 1975	
Grad	grd	$1\,\text{grd} = 1\,\text{K}$	31. 12. 1974	
Stilb	sb	$1\,\text{sb} = 10^4\,\text{cd}/\text{m}^2$	31. 12. 1974	
Curie	Ci	$1\,\text{Ci} = 37 \cdot 10^9\,\text{Bq}$	31. 12. 1985	
Rad	rd	$1\,\text{rd} = 10^{-2}\,\text{Gy}$	31. 12. 1985	
Rem	rem	$1\,\text{rem} = 10^{-2}\,\text{J/kg}$	31. 12. 1985	bei der Angabe von Werten der Äquivalentdosis
Röntgen	R	$1\,\text{R} = 258 \cdot 10^{-6}\,\text{C/kg}$	31. 12. 1985	

6.2 Umrechnungstabelle: ebener Winkel

		rad	Vollwinkel	∟
rad	=	1	0,159 154 94...	0,636 619 7...
1 Vollwinkel	=	6,283 185...	1	4
1 ∟	=	1,570 796...	0,25	1
1°	=	0,017 453 29...	0,002 77$\overline{7}$	0,011 111 1$\overline{1}$
1 gon	=	0,015 707 96...	0,002 5	0,01

		°	° ′ ″	gon
1 rad	=	57,295 77...	57 17 44,8...	63,661 97...
1 Vollwinkel	=	360	360 0 0,0	400
1 ∟	=	90	90 0 0,0	100
1°	=	1	1 0 0,0	1,111 11$\overline{1}$
1 gon	=	0,9	0 54 0,0	1

Fettdruck bedeutet, daß die letzte Ziffer genau ist. Bei periodischen Dezimalbrüchen ist die Periode mit einem Querstrich versehen.
Unendliche nichtperiodische Dezimalbrüche haben 3 Punkte hinter der letzten angegebenen Dezimalstelle.
Bei der Gewinnung von Umrechnungsfaktoren (Umrechnungen von rad in ° bzw. gon) (und umgekehrt) sind die folgenden Beziehungen nützlich:

$$1 \text{ rad} = \frac{180°}{\pi} = 57{,}295\,779\,5\ldots°$$

$$= \frac{180 \cdot 60'}{\pi} = 3\,437{,}746\,7\ldots'$$

$$= \frac{180 \cdot 3\,600''}{\pi} = 206\,264{,}80\ldots''$$

$$= \frac{200 \text{ gon}}{\pi} = 63{,}661\,977\ldots \text{ gon}$$

$$= \frac{200 \cdot 100 \text{ cgon}}{\pi} = 6\,366{,}1\,977\ldots \text{ cgon}$$

$$= \frac{200 \cdot 1\,000 \text{ mgon}}{\pi} = 63\,661{,}977\ldots \text{ mgon.}$$

Umgekehrt gilt:
1° = 0,017 453 29... rad
1′ = 0,000 290 88... rad
1″ = 0,000 004 84... rad
1 gon = 0,015 707 96... rad
1 cgon = 0,000 157 07... rad
1 mgon = 0,000 015 70... rad

siehe auch A ... Z bei: Winkel, ebener (Winkel)

6.3 Umrechnungstabelle: Druckeinheiten

	N/m^2	bar	Mikrobar	kp/m^2
$1\ N/m^2\ =$	1	10^{-5}	10	$1{,}02 \cdot 10^{-1}$
$1\ bar\ =$ $10^6\ dyn/cm^2\ =$	10^5	1	10^6	$1{,}02 \cdot 10^4$
$1\ Mikrobar\ =$ $1\ dyn/cm^2\ =$	10^{-1}	10^{-6}	1	$1{,}02 \cdot 10^{-2}$
$1\ kp/m^2\ =$	$0{,}981 \cdot 10$	$0{,}981 \cdot 10^{-4}$	$0{,}981 \cdot 10^2$	1
$1\ atm\ =$ $760\ Torr\ =$	$1{,}013 \cdot 10^5$	$1{,}013$	$1{,}013 \cdot 10^6$	$1{,}033 \cdot 10^4$
$1\ Torr\ =$	$1{,}333 \cdot 10^2$	$1{,}333 \cdot 10^{-3}$	$1{,}333 \cdot 10^3$	$13{,}595$
$1\ at\ =$ $1\ kp/cm^2\ =$	$0{,}981 \cdot 10^5$	$0{,}981$	$0{,}981 \cdot 10^6$	10^4

	atm	Torr	at	bar
$1\ N/m^2\ =$	$0{,}987 \cdot 10^{-5}$	$0{,}75 \cdot 10^{-2}$	$1{,}02 \cdot 10^{-5}$	10^{-5}
$1\ bar\ =$ $10^6\ dyn/cm^2\ =$	$0{,}987$	$750{,}06$	$1{,}02$	1
$1\ Mikrobar\ =$ $1\ dyn/cm^2\ =$	$0{,}987 \cdot 10^{-6}$	$0{,}75 \cdot 10^{-3}$	$1{,}02 \cdot 10^{-6}$	10^{-6}
$1\ kp/m^2\ =$	$0{,}968 \cdot 10^{-4}$	$0{,}736 \cdot 10^{-1}$	10^{-4}	$0{,}981 \cdot 10^{-4}$
$1\ atm\ =$ $760\ Torr\ =$	1	760	$1{,}033$	$1{,}013$
$1\ Torr\ =$	$1{,}316 \cdot 10^{-3}$	1	$1{,}359 \cdot 10^{-3}$	$1{,}333 \cdot 10^{-3}$
$1\ at\ =$ $1\ kp/cm^2\ =$	$0{,}968$	$735{,}559$	1	$0{,}981$

siehe auch A...Z bei: Druck

6.4 Umrechnungstabelle: Einheiten für Flüssigkeitssäulen (Druckhöhen)
Zahlenwerte gerundet

	$Pa = N/m^2$	bar	mbar	μbar
10 m WS = 1 at = 1 kp/cm² = (≈ 10 N/cm²)	10^5	0,98	980	$0,98 \cdot 10^{-6}$
1 m WS = 0,1 at = 0,1 kp/cm² = (≈ 1 N/cm²)	10^4	0,098	98	$98 \cdot 10^{-3}$
1 mm WS = 1 kp/m² = (≈ 10 N/m²)	10^1	$0,98 \cdot 10^{-4}$	0,098	98
1 mm Hg = 1 mm QS = 1 Torr =	133,3	0,001 333	1,333	1 333

siehe auch A...Z bei: Druck

6.5 Umrechnungstabelle: mechanische Spannung (Festigkeit)

	N/m^2	N/mm^2	kp/cm^2	kp/mm^2
1 N/m² = (= 1 Pa)	1	10^{-6}	$0,102 \cdot 10^{-4}$	$0,102 \cdot 10^{-6}$
1 N/mm² = (= 1 MPa)	10^6	1	10,2	0,102
1 kp/cm² =	$9,81 \cdot 10^4$	0,098 1	1	0,01
1 kp/mm² =	$9,81 \cdot 10^6$	9,81	100	1

siehe auch A...Z bei: Spannung, mechanische (Festigkeit)

6.6 Umrechnungstabelle: Energie, Arbeit, Wärme

	J	kJ	kcal	kp m	PS h	kW h
1 J = 1 N m = 1 W s =	1	10^{-3}	$2{,}39 \cdot 10^{-4}$	0,102	$3{,}77 \cdot 10^{-7}$	$2{,}78 \cdot 10^{-7}$
1 kJ =	10^3	1	0,239	102	$3{,}77 \cdot 10^{-4}$	$2{,}78 \cdot 10^{-4}$
1 kcal =	$4{,}2 \cdot 10^3$	4,2	1	427	$1{,}58 \cdot 10^{-3}$	$1{,}16 \cdot 10^{-3}$
1 kp m =	9,81	$9{,}81 \cdot 10^{-3}$	$2{,}34 \cdot 10^{-3}$	1	$3{,}7 \cdot 10^{-6}$	$2{,}72 \cdot 10^{-6}$
1 PS h =	$2{,}65 \cdot 10^6$	$2{,}65 \cdot 10^3$	632	$2{,}7 \cdot 10^5$	1	0,736
1 kW h =	$3{,}6 \cdot 10^6$	$3{,}6 \cdot 10^3$	860	$3{,}67 \cdot 10^5$	1,36	1

siehe auch A ... Z bei: Arbeit, Energie, Wärme (Wärmemenge)

6.7 Umrechnungstabelle: Leistung, Energiestrom, Wärmestrom

	W	kW	PS	kp m/s	kcal/s	kcal/h
1 W = 1 N m/s = 1 J/s =	1	10^{-3}	$1{,}36 \cdot 10^{-3}$	0,102	$2{,}39 \cdot 10^{-4}$	0,860
1 kW =	10^3	1	1,36	102	0,239	860
1 PS =	736	0,736	1	75	0,176	632
1 kp m/s	9,81	$9{,}81 \cdot 10^{-3}$	$1{,}33 \cdot 10^{-2}$	1	$2{,}34 \cdot 10^{-3}$	8,43
1 kcal/s	$4{,}19 \cdot 10^3$	4,19	5,69	427	1	$3{,}6 \cdot 10^3$
1 kcal/h	1,16	$1{,}16 \cdot 10^{-3}$	$1{,}58 \cdot 10^{-3}$	0,119	$\frac{1}{3{,}6} \cdot 10^{-3}$	1

siehe auch A ... Z bei: Leistung, Energiestrom, Wärmestrom

6.8 Lichttechnische Einheiten, Umrechnungstabellen

Tabelle: **Lichttechnische Einheiten**

Größe	Einheit	Zeichen und Zusammenhänge
Lichtstärke	Candela	cd
Leuchtdichte	Candela/Quadratmeter	$cd \cdot m^{-2}$
Lichtstrom	Lumen	$1\,lm = 1\,cd \cdot sr$
Lichtmenge	Lumenstunde Lumensekunde	$lm \cdot h$ $lm \cdot s$
Spezifische Lichtausstrahlung	Lumen/Quadratmeter	$lm \cdot m^{-2}$
Beleuchtungsstärke	Lumen/Quadratmeter Lux	$lm \cdot m^{-2}$ $1\,lx = 1\,lm \cdot m^{-2}$
Raumbeleuchtungsstärke Beleuchtungsvektor	Lumen/Quadratmeter Lux	$lm \cdot m^{-2}$ $1\,lx = 1\,lm \cdot m^{-2}$
Belichtung	Luxsekunde	$1\,lx \cdot s = 1\,lm \cdot m^{-2} \cdot s$

Als Einheit für die Pupillenlichtstärke wird nach DIN 5031 Teil 6 das Troland verwendet (Formelzeichen Trol)

Tabelle: **Umrechnungstabelle für früher benutzte Leuchtdichte-Einheiten**

Einheit		$cd \cdot m^{-2}$	asb	sb	L	$cd \cdot ft^{-2}$	fL	$cd \cdot in^{-2}$
$1\,cd \cdot m^{-2}$	=	1	π	10^{-4}	$\pi \cdot 10^{-4}$	$9{,}29 \cdot 10^{-2}$	0,2919	$6{,}45 \cdot 10^{-4}$
1 Apostilb (asb)	=	$\dfrac{1}{\pi}$	1	$\dfrac{1}{\pi} \cdot 10^{-4}$	10^{-4}	$2{,}957 \cdot 10^{-2}$	0,0929	$2{,}054 \cdot 10^{-4}$
1 Stilb (sb)	=	10^{4}	$\pi \cdot 10^{4}$	1	π	929	2919	6,452
1 Lambert (L)	=	$\dfrac{1}{\pi} \cdot 10^{4}$	10^{4}	$\dfrac{1}{\pi}$	1	$2{,}957 \cdot 10^{2}$	929	2,054
1 Candela per square foot $(cd \cdot ft^{-2})$	=	10,764	33,82	$1{,}076 \cdot 10^{-3}$	$3{,}382 \cdot 10^{-3}$	1	π	$6{,}94 \cdot 10^{-3}$
1 Footlambert (fL)	=	3,426	10,764	$3{,}426 \cdot 10^{-4}$	$1{,}0764 \cdot 10^{-3}$	$\dfrac{1}{\pi}$	1	$2{,}211 \cdot 10^{-3}$
1 Candela per square inch $(cd \cdot in^{-2})$	=	1550	4869	0,155	0,4869	144	452,4	1

(Für die Einheit $cd \cdot m^{-2}$ ist im Ausland gelegentlich auch die Benennung Nit, für die Einheit asb die Benennung Blondel im Gebrauch)

Tabelle: **Umrechnungstabelle für früher benutzte Beleuchtungsstärke-Einheiten**

Einheit		lx	fc
1 Lux (lx)	=	1	0,0929
1 Footcandle (fc)	=	10,764	1

(Für die Einheit $lm \cdot cm^{-2}$ wurde früher auch die Einheit Phot (ph) verwendet)

siehe auch A...Z bei: Beleuchtungsstärke, Leuchtdichte, Lichtstärke, Lichtstrom

6.9 Ausgewählte britische und US-Einheiten

Länge:
1 in (inch) = 1/36 yd = 25,399 978 mm (GB) = 25,400 051 mm (US)
$\approx$ 25,400 mm
1 ft (foot) = 1/3 yd = 0,304 800 m (GB) = 0,304 801 m (US)
$\approx$ 0,305 mm
1 yd (yard) = 0,914 399 m (GB) = 0,914 402 m (US) $\approx$ 0,914 4 m

Fläche:
1 sq in (square inch) = 1/1296 sq yd = 6,451 589 cm^2 (GB)
= 6,451 626 cm^2 (US)
$\approx$ 6,452 cm^2
1 sq ft (square foot) = 1/9 sq yd = 929,03 cm^2
1 sq yd (square yard) = 0,836 m^2

Raum:
1 cu in (cubic inch) = 1/466 56 cu yd = 16,387 cm^3
1 cu ft (cubic foot) = 1/27 cu yd = 28,317 dm^3
1 cu yd (cubic yard) = 0,764 6 m^3

Hohlmaße:
Flüssigkeiten, Grundeinheit: gallon
trockene Stoffe, Grundeinheit: bushel
1 gal (gallon) = 4,546 dm^3 (GB)
= 3,785 dm^3 (US) = 231 US cu in
1 bu (bushel) = 35,239 dm^3 (US) = 2 150,41 US cu in

Masse, Gewicht:
Grundeinheit: pound
1 lb (pound) = 0,453 592 43 kg (GB)
= 0,453 592 4277 kg (US) $\approx$ 0,453 6 kg

Kraft:
1 p.-w. (pound weight, US) = 4,448 2 N
(pound force, GB) = 0,453 6 kp

Druck:
1 lb.wt./ft^2 = 4,788 $\cdot 10^1$ N/m^2 (N/m^2 = Pa)
= 4,882 $\cdot 10^{-4}$ at (at = kp/cm^2)
1 lb.wt./in^2 = 0,689 5 $\cdot 10^4$ N/m^2
= 0,703 1 $\cdot 10^{-1}$ at

Energie:
1 ft lb wt = 1,355 8 N m (1 N m = 1 J = 1 W s)
= 1,382 6 $\cdot 10^{-1}$ kp m

Wärme:
1 BTU = 0,252 kcal; 1 BTU/lb = 0,556 kcal/kg
1 BTU/in^2 = 0,039 075 $kcal/cm^2$
1 BTU/ft^2 = 2,713 $kcal/m^2$
1 therm = 10^5 BTU = 25,21 $\cdot 10^3$ kcal

Leistung:
1 ft lb wt/s = 1,355 8 N m/s (1 N m/s = 1 J/s = 1 W)
= 1,843 4 $\cdot 10^{-3}$ PS = 1,355 8 $\cdot 10^{-3}$ kW
= 1,818 2 $\cdot 10^{-3}$ h.p.
= 1,382 6 $\cdot 10^{-1}$ kp m/s

Abkürzungen: GB = Großbritannien,
US = Vereinigte Staaten von Nordamerika (USA),
BTU = British Thermal Unit (in Großbritannien noch übliche Einheit der Wärmemenge).

Anmerkung: Jeder Anwender der obigen Beziehungen kann die Zahlenwerte nach seinen Bedürfnissen runden (siehe auch DIN 1333, Blatt 2). In einigen Fällen hat der Verfasser die genauen Zahlenwerte bei der dritten bzw. vierten Stelle nach dem Komma gerundet.
Im Rahmen der Normen für Industriezwecke in GB und US gilt beispielsweise genau:
1 in = 25,4 mm; 1 yd = 0,914 4 m.

7 Ausgewählte Rechenbeispiele und graphische Darstellungen

7.1 Längenänderung, Dehnung, reziproke Länge

Beispiel: Längenausdehnung

Eine Stahlschiene (Brückenträger) sei zwischen Sommer und Winter einem Temperaturunterschied von 60 grd ($t_1 = +30°C$, $t_2 = -30°C$) ausgesetzt. Wieviel Spiel muß beim beweglichen Auflager mindestens vorhanden sein?

gegeben: $l_0 = 50$ m
$\Delta t = 60$ K (nicht mehr: 60 grd)
$\alpha_{St} = 11 \cdot 10^{-6}$ K^{-1}

oder: $11 \cdot 10^{-6} \cdot 10^2 \dfrac{\text{cm}}{\text{m}}$ K^{-1} u. a.

nicht mehr: $11 \cdot 10^{-6}$ grd^{-1},

nicht: $11 \cdot 10^{-6}$ °C^{-1}, wegen Verstoß gegen die Definition der Celsius-Temperatur)

gesucht: Δl

$\Delta l = l_0 \cdot \alpha \cdot \Delta t$

Lösung: $\Delta l = l_0 \cdot \alpha \cdot \Delta t$
$= 50 \text{ m} \cdot 11 \cdot 10^{-6}$ K$^{-1} \cdot 60$ K
$\Delta l = 0{,}033$ m $(= 3{,}3$ cm$)$

oder: $\Delta l = 50 \text{ m} \cdot 11 \cdot 10^{-6} \cdot 10^2 \dfrac{\text{cm}}{\text{m}}$ K$^{-1} \cdot 60$ K
$\Delta l = 3{,}3$ cm

Anmerkung: Δt kann „+" oder „−" Vorzeichen haben, entsprechend wird auch das Vorzeichen von Δl.
siehe auch: A...Z (Seite 84); Längen-Ausdehnungskoeffizient Übergangsvorschriften (Seite 126)

Beispiel: Dehnung

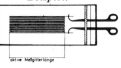

aktive Meßgitterlänge
DMS mit Drahtmeßgitter

aktive Meßgitterlänge
DMS mit Folienmeßgitter

An einem Zugstab aus Stahl ($A = 200$ mm² Querschnittsfläche) wurde bei einer Zugkraft $F = 2000$ kp mittels Dehnungsmeßstreifen (DMS) folgende Dehnung gemessen:

$\varepsilon = 0{,}049\% = 0{,}049 \cdot 10^{-2} = 0{,}00049$
$= 0{,}49°/_{00}$ ($= 0{,}49 \cdot 10^{-3} = 0{,}00049$)

gegeben: $A = 200$ mm²
$F = 2000$ kp ($\approx 2 \cdot 10^4$ N)
$E = 2{,}1 \cdot 10^6$ kp/cm² $= 0{,}206 \cdot 10^6$ N/mm²

gesucht: Zugspannung

133

$\sigma = \varepsilon \cdot E$

$\varepsilon = \dfrac{\sigma}{E} = \dfrac{\Delta l}{l_0}$

Lösung: $\sigma = \varepsilon \cdot E$
$= 0,49 \cdot 10^{-3} \cdot 2,1 \cdot 10^6 \text{ kp/cm}^2$
$\sigma = 1030 \text{ kp/cm}^2$
$= 1030 \text{ kp/cm}^2 \cdot \dfrac{0,0981 \text{ N/mm}^2}{\text{kp/cm}^2}$
$\sigma = 101 \text{ N/mm}^2$

oder: $\sigma = \varepsilon \cdot E$
$= 0,49 \cdot 10^{-3} \cdot 0,206 \cdot 10^6 \text{ N/mm}^2$
$\sigma = 101 \text{ N/mm}^2$

gerechnete Dehnung:

$\varepsilon = \dfrac{\sigma}{E} = \dfrac{F}{A \cdot E}$

$= \dfrac{2 \cdot 9,81 \cdot 10^3 \text{ N}}{200 \text{ mm}^2 \cdot 0,206 \cdot 10^6 \text{ N/mm}^2}$

$\varepsilon = 4,75 \cdot 10^{-4}$
$\varepsilon = 0,475 \cdot 10^{-3}$

siehe auch:
A ... Z (Seite 50); Dehnung
A ... Z (Seiten 101/102); mechanische Spannung
Übergangsvorschriften (Seite 126)

Beispiel:

Reziproke Länge
Bestimme die Dioptrie einer Linse, deren Brennweite 20 cm beträgt.
$D = 1/f = 1/0,2 \text{ m} = 5 \text{ m}^{-1}$
$D = 5 \text{ dpt}$
Wie groß ist die Brennweite einer Linse mit der Dioptrie 2?
$f = 1/D = 1/2 \text{ dpt} = 1/(2 \text{ m}^{-1})$
$f = 0,5 \text{ m} = 50 \text{ cm}$
siehe auch: A...Z (Seite 83)

7.2 Winkel

Beispiel:

ebener Winkel
Rechne die Winkel 120° in rad und 5,1 rad in ° um.

$\dfrac{\pi}{180} \dfrac{\text{rad}}{°}$

$\alpha_1 = 120° = 120° \cdot \dfrac{\pi}{180} \dfrac{\text{rad}}{°} = 2,1 \text{ rad (gerundet)}$

$\alpha_2 = 5,1 \text{ rad} = 5,1 \text{ rad} \cdot \dfrac{180}{\pi} \dfrac{°}{\text{rad}} = 292° \text{ (gerundet)}$

Beispiel:

räumlicher Winkel
Bestimme den Raumwinkel, der zu einem Kegel mit dem Öffnungswinkel $\alpha = 120°$ gehört (desgl. für 360° und 180°). Welcher Öffnungswinkel des Kegels hat den Raumwinkel 1?

$4\pi \sin^2 \dfrac{\alpha}{4}$ sr

$\alpha = 120°$, $\Omega = 4\pi \sin^2 30°$ sr $(\sin 30° = 0{,}5)$
$\Omega = 4\pi (0{,}5)^2 = \pi = 3{,}14$
ebenso für $\alpha = 360°$ $(A_{Kal} = $ Kugeloberfläche$)$
$\alpha = 180°$. Durch Umstellen der Gleichung findet man den Öffnungswinkel des Kegels mit dem Raumwinkel 1.
Hinweis: die Einheit sr kann beim Rechnen fehlen (Bedeutung von 1; Größenverhältnis).

Tabelle der Ergebnisse:

Ω in sr	α in °
π	120
2π	180
4π	360
1	57,8 usw.

siehe auch: A ... Z (Seiten 121/122)

7.3 Masse

Beispiel:

längenbezogene Masse
Ein Metallkabel ($m = 350$ kg) sei 130 m lang.
Bestimme die längenbezogene Masse, bezogen auf 1 m und bezogen auf 100 m.

$m' = \dfrac{m}{l}$

$m' = \dfrac{350 \text{ kg}}{130 \text{ m}} = 2{,}74 \text{ kg/m}$
$ = 274 \text{ kg/100 m}$

Beispiel:

flächenbezogene Masse
Eine Werkzeugmaschine ($m = 4{,}5$ t) belege in einer Werkhalle eine Fläche von 4,5 m². Wie groß ist die Flächenbelastung?

$m'' = \dfrac{m}{A}$

$m'' = \dfrac{4\,500 \text{ kg}}{4{,}5 \text{ m}^2} = 1\,000 \text{ kg/m}^2 = 1 \text{ t/m}^2$

Beispiel:

Dichte
Die Masse eines homogenen Würfels aus Aluminium (Kantenlänge 10 cm) wurde zu 2,6 Kilogramm ermittelt. Wie groß ist die Dichte?

$\varrho = \dfrac{m}{V}$

$\varrho = \dfrac{2{,}6 \text{ kg}}{(10 \text{ cm})^3} = \dfrac{2{,}6 \text{ kg}}{10^3 \text{ cm}^3} = 2{,}6 \cdot 10^{-3} \text{ kg/cm}^3$
$ = 2{,}6 \text{ kg/dm}^3 = 2\,600 \text{ kg/m}^3$
$ = 2{,}6 \text{ t/m}^3$

Beispiel: spezifisches Volumen
Wie groß ist das spezifische Volumen von Luft bei 50°C und einem Druck von $p_ü = 2$ at. Der Luftdruck sei $p_b = 735{,}6$ Torr $= 1$ at.

bisher:
$$p = p_b + p_ü = 3 \text{ at} = 3 \text{ kp/cm}^3$$
$$= 3 \cdot 10^4 \text{ kp/m}^2$$
$$R = 29{,}27 \text{ kp m/kg grd (Luft)}$$

$v = \dfrac{V}{m}$ $\qquad v = \dfrac{29{,}27 \text{ kp m/kg grd} \cdot 323{,}15°\text{K (grd)}}{3 \cdot 10^4 \text{ kp/m}^2}$

$v = \dfrac{R \cdot T}{p}$ $\qquad v = 0{,}316 \text{ m}^3/\text{kg}$

neu: $p_{abs} = p_{amb} + p_e = 3 \cdot 10^4 \cdot 9{,}806\,65 \text{ N/m}^2$
$R = 288 \text{ J/(kg K) (Luft)}; \ 1 \text{ J} = 1 \text{ N m}$

$$v = \frac{288 \text{ J/(kg K)} \cdot 323{,}15 \text{ K}}{3 \cdot 10^4 \cdot 9{,}807 \text{ N/m}^2} = \frac{288 \text{ N m/(kg K)} \cdot 323{,}15 \text{ K}}{3 \cdot 10^4 \cdot 9{,}807 \text{ N/m}^2}$$

$v = 0{,}316 \text{ m}^3/\text{kg}$

Beispiel: spezifisches Volumen im Normzustand
Berechne für Luft das spezifische Volumen im Normzustand.

DIN 1343 Normzustand:
$t_n = 0°\text{C}, \ T_n = 273{,}15 \text{ K}$
$p_n = 101\,325 \text{ N/m}^2 = 1{,}013\,25 \text{ bar}$
(bisher $= 760$ Torr $= 1$ atm; phys. Atmosph.)

Das molare Normvolumen des idealen Gases ist (DIN 1343):
$(V_m)_n = 22{,}414 \text{ m}^3/\text{kmol}$

Relative Molekülmasse der Luft:
$M_r = 28{,}946 \text{ kg/kmol}$

$v_n = \dfrac{(V_m)_n}{M_r}$ $\qquad v_n = \dfrac{22{,}414 \text{ m}^3/\text{kmol}}{28{,}946 \text{ kg/kmol}} = 0{,}775 \text{ m}^3/\text{kg}$

7.4 Zeit

Beispiel: Frequenz
Wechselstrom $\qquad f = 60 \text{ Hz} = 60 \text{ s}^{-1}$
(60 Schwingungen in der Sekunde)
UKW Langenberg I $f = 88{,}8 \text{ MHz} = 88{,}8 \cdot 10^6 \text{ Hz}$
$= 88{,}8 \cdot 10^6 \text{ s}^{-1}$
(Ausstrahlung der Sendungen mit einer Frequenz von $88{,}8 \cdot 10^6$ in der Sekunde)

Beispiele:

$f = \dfrac{1}{T}$

$\lambda = \dfrac{c}{f}$

Beispiel:

$n = \dfrac{U}{t}$

$n = \dfrac{1}{T}$

Beispiel:

$v = \dfrac{s}{t}$

Beispiel:

sinusförmige Welle
Die Teilchen einer sinusförmigen Welle haben eine Schwingungsdauer von:
a) $T = 20$ s, b) $T = 1$ µs. Wie groß sind die Frequenzen?
a) $f = (1/20)$ s$^{-1} = 0{,}5 \cdot 10^{-1}$ Hz $= 0{,}5$ dHz
b) $f = (1/10^{-6})$ s$^{-1} = 10^6$ Hz $= 1$ MHz
Der Rundfunksender BBC sendet auf der langen Welle mit einer Frequenz von 200 kHz. Wie groß ist die Wellenlänge dieser Rundfunkwelle bei einer Fortpflanzungsgeschwindigkeit von 300 000 km/s?

$\lambda = \dfrac{3 \cdot 10^8 \text{ m/s}}{2 \cdot 10^5 \text{ s}^{-1}} = 1{,}5 \cdot 10^3$ m $= 1500$ m

Umläufe, Drehzahl, Umlaufdauer (PKW)
Ein PKW durchfuhr in einer Stunde eine Strecke von 120 km. Berechne für ein Rad (Durchmesser $d = 636$ mm):
a) die Zahl der Umläufe, b) die Drehzahl, c) die Umlaufdauer.

a) $U = \dfrac{s}{d \cdot \pi} = \dfrac{120\,000 \text{ m}}{0{,}636 \text{ m} \cdot 3{,}14} = 6 \cdot 10^4$

b) $n = \dfrac{6 \cdot 10^4 \text{ h}^{-1}}{60 \text{ min/h}} = 10^3$ min$^{-1} = 1000$ min^{-1}

$n = \dfrac{1000 \text{ min}^{-1}}{60 \text{ s/min}} = 16{,}7$ s^{-1}

c) $T = 1/n = \dfrac{1}{16{,}7}$ s $= 0{,}06$ s $= 60$ ms

Geschwindigkeit (Flugzeug)
Für ein Verkehrsflugzeug der Strecke Düsseldorf – Zürich (450 km) sind in einem Flugplan folgende Zeiten notiert: Abflug Düsseldorf 10^h 19^m, Ankunft Zürich 11^h 10^m. Wie hoch ist die mittlere Fluggeschwindigkeit des Flugzeuges?

$v = \dfrac{450 \text{ km}}{51 \text{ min} \cdot (1/60) \text{ h/min}} = \dfrac{450 \text{ km}}{0{,}85 \text{ h}}$

$v = 530$ km/h $= 148$ m/s

Umfangsgeschwindigkeit (Schleifscheibe)
Eine mit konstanter Geschwindigkeit umlaufende Schleifscheibe (Drehzahl $n = 1500$ min^{-1}) habe einen Durchmesser von $d = 150$ mm. Wie hoch ist die Geschwindigkeit am Umfang der Scheibe?

$$v = \frac{s}{t}$$
$$= \frac{d \pi n}{t}$$

$$v = \frac{0{,}15 \text{ m} \cdot 3{,}14 \cdot 1500 \text{ min}^{-1}}{60 \text{ s/min}}$$

$$v = 11{,}8 \text{ m/s}$$

Beispiel: Beschleunigung auf gerader Bahn
Ein Pkw werde in 12 s von 0 auf 100 km/h gleichmäßig beschleunigt (gleichmäßig beschleunigte Bewegung auf gerader Bahn ohne Anfangsgeschwindigkeit). Wie groß ist die Beschleunigung?

$$a = \frac{v}{t}$$
$$= \text{konst.}$$

$$a = \frac{100 \text{ km/h}}{12 \text{ s}} = \frac{10^5 \text{ m/h}}{12 \text{ s}}$$

$$= \frac{10^5 \text{ m}}{12 \text{ s} \cdot \text{h} \cdot 3600 \text{ s/h}}$$

$$a = 23{,}2 \text{ m/s}^2$$

7.5. Kraft, Moment einer Kraft (Drehmoment, Biegemoment), Druck, mechanische Spannung

Beispiel: Kraft
Die Beziehungen zwischen der Einheit N (Newton), daN (Dekanewton) und kp (Kilopond) sind graphisch darzustellen. Was gilt genau? Was gilt angenähert?

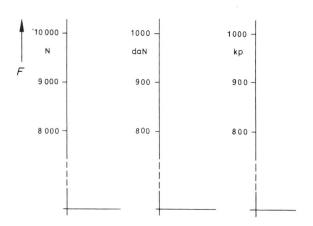

siehe auch: A...Z (Seite 80)
beachte: $10 \text{ N} = 1 \text{ daN} \approx 1 \text{ kp}$
$1 \text{ kp} = 9{,}80665 \text{ N}$

Beispiel: Druck
Es sind die Beziehungen zwischen Druckeinheiten für Drucke von Gasen, Dämpfen und Flüssigkeiten graphisch bis 100 bar darzustellen.

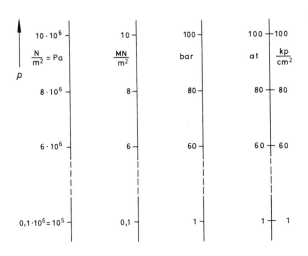

siehe auch: A ... Z (Seiten 53/54/55)
beachte: 1 Pa   = 1 N/m²
          10^6 N/m² = 1 MN/m² = 1 MPa
          1 bar   = 0,1 MPa = 0,1 MN/m²
          1 bar   ≈ 1 at (genau: 1 at = 0,980 665 bar)

Beispiel: Drehmoment
Die zugeschnittene Größengleichung
$$M = 716{,}2 \; \frac{P/\text{PS}}{n/\text{min}^{-1}} \; \text{kp m}$$
ist auf andere Einheiten umzuschreiben.

a) $[P] = \text{kW}$, $[M] = \text{kp m}$, $[n] = \text{min}^{-1}$
$$M = 975 \; \frac{P/\text{kW}}{n/\text{min}^{-1}} \; \text{kp m}$$

b) $[M] = \text{N m}$, $[P] = \text{kW}$, $[n] = \text{min}^{-1}$
$$M = 9560 \; \frac{P/\text{kW}}{n/\text{min}^{-1}} \; \text{N m}$$

siehe auch: A ... Z (Seite 52: Drehzahl, Seite 98: Moment, Seite 85: Leistung)
Umrechnungstabellen Seite 130
Übergangsvorschriften Seite 126

Beispiel: Das Diagramm eines Vergasermotors (Beispiel DB 280) ist hinsichtlich der Einheiten *doppelgleisig* anzulegen. Es sind aufzutragen:

a) $P = f(n)$ P = Leistung
b) $M = f(n)$ n = Drehzahl
c) $p = f(n)$ M = Drehmoment
                      p = mittl. effekt. Druck

Leistung

Drehmoment

Mitteldruck

Drehzahl

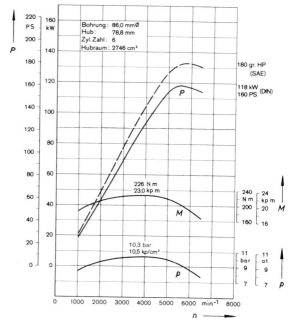

(nach Unterlagen von Mercedes-Benz, vom Verfasser geändert und verbessert)

Das Diagramm kann so nach Bedarf genutzt werden:

[P] = PS (bisher)
     = kW (neu)

[M] = kp m (bisher)
     = N m (neu)

[p] = at = kp/cm^2 (bisher)
     = bar (neu).

siehe auch: A ... Z (Seiten 53/54/55: Druck,
                 Seite 98: Moment,
                 Seite 85: Leistung) u. a.

Beispiel: mechanische Spannung
Es ist das Berechnungs*konzept* für die Festigkeitsrechnung eines Kranträgers anzugeben.
gegeben: Tragfähigkeit (Höchstbelastung)
$m = 50$ t (Masse)
Spannweite $l = 10$ m
gesucht: Ansatz für Höchstlast in $l/2$

Kran, Tragfähigkeit 50 t

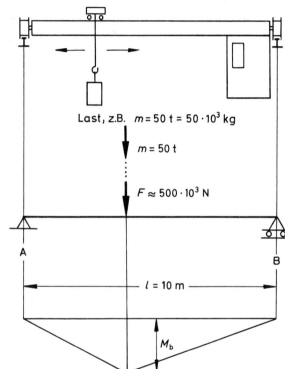

Last, z.B. $m = 50$ t $= 50 \cdot 10^3$ kg

$m = 50$ t

$F \approx 500 \cdot 10^3$ N

Belastungsschema

Biegemomentenfläche

$$\sigma_b = \frac{M_b}{W_b}$$

$$W_b = \frac{(M_b)_{max}}{(\sigma_b)_{zul.}}$$

$$= \frac{F \cdot l/2}{(\sigma_b)_{zul.}};$$

σ_b Biegespannung
M_b Biegemoment
W_b Widerstandsmoment
$F \approx 500$ kN
$(M_b)_{max} \approx 2{,}5$ MN
$[\sigma_b] = $ N/mm²

$W_b = \ldots$ mm² (damit Auswahl des Kranträgers bzw. Abmessungen)

siehe auch: A … Z Seite 80 Kraft; Seite 98 Moment einer Kraft; Seiten 101/102 Spannung, mechanische; Seite 129 Umrechnungstabelle

8 Anhang (Gesetze, Verordnungen, Richtlinien)

8.1 Das Gesetz über Einheiten im Meßwesen vom 2. Juli 1969

Der Bundestag hat das folgende Gesetz beschlossen:

§ 1
Anwendungsbereich

(1) Im geschäftlichen Verkehr sind Größen in gesetzlichen Einheiten anzugeben, wenn für sie Einheiten nach den §§ 2 bis 4 oder nach einer auf Grund des § 5 Abs. 1 erlassenen Rechtsverordnung festgesetzt sind; für die gesetzlichen Einheiten sind die Namen und Kurzzeichen zu verwenden, die nach den §§ 3, 4 und 6 sowie nach einer auf Grund des § 5 erlassenen Rechtsverordnung zulässig sind.

(2) Absatz 1 gilt auch für den amtlichen Verkehr.

(3) Die Absätze 1 und 2 sind nicht anzuwenden auf den geschäftlichen und amtlichen Verkehr, der von und nach dem Ausland stattfindet oder mit der Einfuhr oder Ausfuhr unmittelbar zusammenhängt.

(4) Die Verwendung anderer, auf internationalen Übereinkommen beruhender Einheiten sowie ihrer Namen oder Kurzzeichen im Schiffs-, Luft- und Eisenbahnverkehr bleibt unberührt.

§ 2
Gesetzliche Einheiten im Meßwesen

Gesetzliche Einheiten im Meßwesen (Einheiten) sind

1. die für die Basisgrößen nach § 3 festgesetzten Basiseinheiten des Internationalen Einheitensystems (SI),
2. die nach § 4 festgesetzten atomphysikalischen Einheiten,
3. die aus den Einheiten nach den Nummern 1 und 2 abgeleiteten und nach § 5 festgesetzten Einheiten,
4. die dezimalen Vielfachen und Teile der in den Nummern 1 bis 3 aufgeführten Einheiten.

§ 3
Basisgrößen und Basiseinheiten

(1) Basisgrößen und Basiseinheiten im Sinne dieses Gesetzes sind

1. Basisgröße Länge
   mit der Basiseinheit Meter (Kurzzeichen: m),
2. Basisgröße Masse
   mit der Basiseinheit Kilogramm (Kurzzeichen: kg),
3. Basisgröße Zeit
   mit der Basiseinheit Sekunde (Kurzzeichen: s),
4. Basisgröße elektrische Stromstärke
   mit der Basiseinheit Ampere (Kurzzeichen: A),
5. Basisgröße thermodynamische Temperatur oder Kelvin-Temperatur
   mit der Basiseinheit Kelvin (Kurzzeichen: K),
6. Basisgröße Lichtstärke
   mit der Basiseinheit Candela (Kurzzeichen: cd).

(2) Die Basiseinheit 1 Meter ist das 1 650 763,73-fache der Wellenlänge der von Atomen des Nuklids ^{86}Kr beim Übergang vom Zustand 5d$_5$ zum Zustand 2p$_{10}$ ausgesandten, sich im Vakuum ausbreitenden Strahlung.

(3) Die Basiseinheit 1 Kilogramm ist die Masse des Internationalen Kilogrammprototyps.

(4) Die Basiseinheit 1 Sekunde ist das 9 192 631 770-fache der Periodendauer der dem Übergang zwischen den beiden Hyperfeinstrukturniveaus des Grundzustandes von Atomen des Nuklids ^{133}Cs entsprechenden Strahlung.

(5) Die Basiseinheit 1 Ampere ist die Stärke eines zeitlich unveränderlichen elektrischen Stromes, der, durch zwei im Vakuum parallel im Abstand 1 Meter voneinander angeordnete, geradlinige, unendlich lange Leiter von vernachlässigbar kleinem, kreisförmigem Querschnitt fließend, zwischen diesen Leitern je 1 Meter Leiterlänge elektrodynamisch die Kraft $\frac{1}{5\,000\,000}$ Kilogrammeter durch Sekundequadrat hervorrufen würde.

(6) Die Basiseinheit 1 Kelvin ist der 273,16te Teil der thermodynamischen Temperatur des Tripelpunktes des Wassers.

(7) Die Basiseinheit 1 Candela ist die Lichtstärke, mit der $\frac{1}{600\,000}$ Quadratmeter der Oberfläche eines Schwarzen Strahlers bei der Temperatur des beim Druck 101 325 Kilogramm durch Meter und durch Sekundequadrat erstarrenden Platins senkrecht zu seiner Oberfläche leuchtet.

§ 4
Atomphysikalische Einheiten
für Stoffmenge, Masse und Energie

(1) Einheit der Stoffmenge ist das Mol (Kurzzeichen: mol). 1 Mol ist die Stoffmenge eines Systems bestimmter Zusammensetzung, das aus ebenso vielen Teilchen besteht, wie Atome in $\frac{12}{1\,000}$ Kilogramm des Nuklids ^{12}C enthalten sind.

(2) Atomphysikalische Einheit der Masse für die Angabe von Teilchenmassen ist die atomare Masseneinheit (Kurzzeichen: u). 1 atomare Masseneinheit ist der 12te Teil der Masse eines Atoms des Nuklids ^{12}C.

(3) Atomphysikalische Einheit der Energie ist das Elektronvolt (Kurzzeichen: eV). 1 Elektronvolt ist die Energie, die ein Elektron bei Durchlaufen einer Potentialdifferenz von 1 Volt im Vakuum gewinnt.

§ 5
Abgeleitete Einheiten, Ermächtigungen

(1) Die Bundesregierung wird ermächtigt, zur Gewährleistung der Einheitlichkeit im Meßwesen nach Anhörung der beteiligten Kreise von Wissenschaft und Wirtschaft durch Rechtsverordnung mit Zustimmung des Bundesrates Einheiten, die sich als mit einem festen Zahlenfaktor multiplizierte Produkte aus Potenzen der Basiseinheiten nach § 3 und der atomphysikalischen Einheiten nach § 4 ableiten lassen, als gesetzliche Einheiten mit Namen und Kurzzeichen sowie Abkürzungen festzusetzen.

(2) Der Bundesminister für Wirtschaft wird ermächtigt, zur Gewährleistung der Einheitlichkeit im Meßwesen durch Rechtsverordnung, die nicht der Zustimmung des Bundesrates bedarf, die Schreibweise der Zahlenwerte zu bestimmen.

§ 6
Dezimale Vielfache und Teile von Einheiten

(1) Dezimale Vielfache und Teile von Einheiten (§ 2 Nr. 4) können durch Vorsetzen von Vorsilben (Vorsätze) vor den Namen der Einheit bezeichnet werden. Vorsätze und deren Kurzzeichen sind:
für das Billionenfache
(1 000 000 000 000 oder 10^{12}fache)
   der Einheit: Tera (Kurzzeichen: T),
für das Milliardenfache (1 000 000 000 oder 10^{9}fache)
   der Einheit: Giga (Kurzzeichen: G),
für das Millionenfache (1 000 000 oder 10^{6}fache)
   der Einheit: Mega (Kurzzeichen: M),
für das Tausendfache (1 000 oder 10^{3}fache)
   der Einheit: Kilo (Kurzzeichen: k),
für das Hundertfache (100 oder 10^{2}fache)
   der Einheit: Hekto (Kurzzeichen: h),
für das Zehnfache (10 oder 10^{1}fache)
   der Einheit: Deka (Kurzzeichen: da),
für das Zehntel (0,1 oder 10^{-1}fache)
   der Einheit: Dezi (Kurzzeichen: d),
für das Hundertstel (0,01 oder 10^{-2}fache)
   der Einheit: Zenti (Kurzzeichen: c),
für das Tausendstel (0,001 oder 10^{-3}fache)
   der Einheit: Milli (Kurzzeichen: m),
für das Millionstel (0,000 001 oder 10^{-6}fache)
   der Einheit: Mikro (Kurzzeichen: μ),
für das Milliardstel (0,000 000 001 oder 10^{-9}fache)
   der Einheit: Nano (Kurzzeichen: n),
für das Billionstel (0,000 000 000 001 oder 10^{-12}fache)
   der Einheit: Piko (Kurzzeichen: p),
für das Billiardstel
(0,000 000 000 000 001 oder 10^{-15}fache)
   der Einheit: Femto (Kurzzeichen: f),
für das Trillionstel
(0, 000 000 000 000 000 001 oder 10^{-18}fache)
   der Einheit: Atto (Kurzzeichen: a).

(2) Zur Bezeichnung eines dezimalen Vielfachen oder Teiles einer Einheit nach Absatz 1 dürfen nicht mehr als ein Vorsatz benutzt werden.

(3) Der Vorsatz ist ohne Zwischenraum vor den Namen der Einheit, das Kurzzeichen des Vorsatzes ohne Zwischenraum vor das Kurzzeichen der Einheit zu setzen. Hochzeichen (Potenzexponenten) bei derart zusammengesetzten Kurzzeichen müssen sich auf das ganze Kurzzeichen beziehen.

(4) Wird eine Einheit als Produkt oder als Quotient aus dezimalen Vielfachen oder Teilen anderer Einheiten gebildet, so dürfen diese mit den in Absatz 1 genannten Vorsätzen und deren Kurzzeichen bezeichnet werden.

§ 7
Aufgaben
der Physikalisch-Technischen Bundesanstalt

Die Physikalisch-Technische Bundesanstalt hat

1. die gesetzlichen Einheiten darzustellen,

2. die Prototype der Bundesrepublik Deutschland sowie die Einheitenverkörperungen und Normale an die internationalen Prototype oder Etalons nach der Internationalen Meterkonvention anzuschließen oder anschließen zu lassen,

3. die Prototype der Bundesrepublik Deutschland sowie die Einheitenverkörperungen und Normale aufzubewahren,

4. die Verfahren bekanntzumachen, nach denen nicht verkörperte Einheiten, einschließlich der Zeiteinheiten und der Zeitskalen sowie der Temperatureinheit und Temperaturskalen, dargestellt werden,

5 eine „Tafel der gesetzlichen Einheiten" bekanntzumachen.

§ 8
Zuständige Behörden

Die Landesregierungen oder die von ihnen bestimmten Stellen bestimmen die für die Durchführung dieses Gesetzes zuständigen Behörden, soweit nicht die Physikalisch-Technische Bundesanstalt zuständig ist.

§ 9
Auskünfte

Die für die Einhaltung der Vorschriften dieses Gesetzes verantwortlichen Personen haben der zuständigen Behörde die für die Durchführung dieses Gesetzes und der auf Grund des § 5 erlassenen Vorschriften erforderlichen Auskünfte zu erteilen. Der zur Auskunft Verpflichtete kann die Auskunft über solche Fragen verweigern, deren Beantwortung ihn selbst oder einen der in § 383 Abs. 1 Nr. 1 bis 3 der Zivilprozeßordnung bezeichneten Angehörigen der Gefahr strafgerichtlicher Verfolgung oder eines Verfahrens nach dem Gesetz über die Ordnungswidrigkeiten aussetzen würde.

§ 10
Verletzung der Geheimhaltungspflicht

(1) Wer ein fremdes Geheimnis, namentlich ein Betriebs- oder Geschäftsgeheimnis, das ihm in seiner

Eigenschaft als Angehöriger oder Beauftragter einer mit Aufgaben auf Grund dieses Gesetzes betrauten Behörde bekanntgeworden ist, unbefugt offenbart, wird mit Gefängnis bis zu einem Jahr und mit Geldstrafe oder mit einer dieser Strafen bestraft.

(2) Handelt der Täter gegen Entgelt oder in der Absicht, sich oder einen anderen zu bereichern oder einen anderen zu schädigen, so ist die Strafe Gefängnis bis zu zwei Jahren; daneben kann auf Geldstrafe erkannt werden. Ebenso wird bestraft, wer ein fremdes Geheimnis, namentlich ein Betriebs- oder Geschäftsgeheimnis, das ihm unter den Voraussetzungen des Absatzes 1 bekanntgeworden ist, unbefugt verwertet.

(3) Die Tat wird nur auf Antrag des Verletzten verfolgt.

§ 11
Bußgeldvorschrift

(1) Ordnungswidrig handelt, wer

1. im geschäftlichen Verkehr entgegen § 1 Abs. 1 zur Angabe von Größen nach § 3 oder § 4 nicht die gesetzlichen Einheiten verwendet,

2. entgegen § 9 eine Auskunft nicht, nicht rechtzeitig, unvollständig oder unrichtig erteilt oder

3. einer Vorschrift einer nach § 5 ergangenen Rechtsverordnung zuwiderhandelt, soweit die Rechtsverordnung für einen bestimmten Tatbestand auf diese Bußgeldvorschrift verweist.

(2) Die Ordnungswidrigkeit kann mit einer Geldbuße geahndet werden.

§ 12
Übergangsvorschrift

(1) § 1 ist nicht auf Größenangaben anzuwenden, die vor Inkrafttreten dieses Gesetzes im geschäftlichen oder amtlichen Verkehr gemacht worden sind. Das gleiche gilt für Meßgeräte, die vor dem Inkrafttreten dieses Gesetzes geeicht, eichamtlich beglaubigt, amtlich beglaubigt oder amtlich geprüft worden sind.

(2) Für die Dauer von 5 Jahren nach Inkrafttreten dieses Gesetzes darf die Basiseinheit Kelvin nach § 3 auch als Grad Kelvin mit dem Kurzzeichen °K bezeichnet werden.

§ 13
Außerkrafttreten von Vorschriften

Mit dem Inkrafttreten dieses Gesetzes treten außer Kraft

1. die §§ 1 bis 5 des Gesetzes betreffend die elektrischen Maßeinheiten vom 1. Juni 1898 (Reichsgesetzbl. S. 905),

2. der Abschnitt I der Bestimmungen zur Ausführung des Gesetzes betreffend die elektrischen Maßeinheiten vom 6. Mai 1901 (Reichsgesetzbl. S. 127),

3. die §§ 1 und 2 des Gesetzes über die Temperaturskale und die Wärmeeinheit vom 7. August 1924 (Reichsgesetzbl. I S. 679),

4. die Bekanntmachung über die gesetzliche Temperaturskale vom 1. März 1950 (Amtsblatt der Physikalisch-Technischen Anstalt Nr. 1 S. 3) und die Bekanntmachung über die Einheit der Wärmemenge vom 1. März 1950 (Amtsblatt der Physikalisch-Technischen Anstalt Nr. 1 S. 4),

5. die §§ 1 bis 8 des Maß- und Gewichtsgesetzes vom 13. Dezember 1935 (Reichsgesetzbl. I S. 1499).

§ 14
Geltung in Berlin

Dieses Gesetz gilt nach Maßgabe des § 13 Abs. 1 des Dritten Überleitungsgesetzes vom 4. Januar 1952 (Bundesgesetzbl. I S. 1) auch im Land Berlin. Rechtsverordnungen, die auf Grund dieses Gesetzes erlassen werden, gelten im Land Berlin nach § 14 des Dritten Überleitungsgesetzes.

§ 15
Inkrafttreten

Dieses Gesetz tritt ein Jahr nach seiner Verkündung in Kraft; § 5 tritt am Tage nach der Verkündung in Kraft.

Die verfassungsmäßigen Rechte des Bundesrates sind gewahrt.

Das vorstehende Gesetz wird hiermit verkündet.

Bonn, den 2. Juli 1969

Der Bundespräsident
Heinemann

Der Bundeskanzler
Kiesinger

Der Bundesminister für Wirtschaft
Schiller

8.2 Ausführungsverordnung zum Gesetz über Einheiten im Meßwesen vom 26. Juni 1970

Inhaltsübersicht

Erster Abschnitt
Allgemeine Vorschriften

	§
Gesetzliche abgeleitete Einheiten	1
Namen und Einheitenzeichen	2

Zweiter Abschnitt
Gesetzliche abgeleitete Einheiten

	§
Fläche	3
Volumen	4
Ebener Winkel	5
Räumlicher Winkel (Raumwinkel)	6
Masse	7
Längenbezogene Masse	8
Flächenbezogene Masse	9
Dichte	10
Zeit (Zeitspanne)	11
Frequenz	12
Geschwindigkeit	13
Beschleunigung	14
Winkelgeschwindigkeit	15
Winkelbeschleunigung	16
Volumenstrom, Volumendurchfluß	17
Massenstrom, Massendurchfluß	18
Kraft	19
Druck, mechanische Spannung	20
Dynamische Viskosität	21
Kinematische Viskosität	22
Energie, Arbeit und Wärmemenge	23
Leistung, Energiestrom und Wärmestrom	24
Elektrische Spannung, elektrische Potentialdifferenz	25
Elektrischer Widerstand	26
Elektrischer Leitwert	27
Elektrizitätsmenge, elektrische Ladung	28
Elektrische Kapazität	29
Elektrische Flußdichte, Verschiebung	30
Elektrische Feldstärke	31
Magnetischer Fluß	32
Magnetische Flußdichte, Induktion	33
Induktivität	34
Magnetische Feldstärke	35
Temperatur	36
Leuchtdichte	37
Lichtstrom	38
Beleuchtungsstärke	39
Aktivität einer radioaktiven Substanz	40
Energiedosis, Äquivalentdosis	41
Energiedosisrate, Energiedosisleistung; Äquivalentdosisrate, Äquivalentdosisleistung	42
Ionendosis	43
Ionendosisrate, Ionendosisleistung	44
Stoffmengenbezogene Masse, molare Masse	45
Stoffmengenkonzentration, Molarität	46

Dritter Abschnitt
Gesetzliche abgeleitete Einheiten mit eingeschränktem Anwendungsbereich

	§
Brechkraft von optischen Systemen	47
Fläche von Grundstücken und Flurstücken	48
Masse von Edelsteinen	49
Längenbezogene Masse von textilen Fasern und Garnen	50

Vierter Abschnitt
Übergangsvorschriften

	§
Abgeleitete Einheiten	51
Abgeleitete Einheiten mit eingeschränktem Anwendungsbereich	52
Bezeichnungen für abgeleitete Einheiten	53
Abkürzungen für abgeleitete Einheiten	54
Größenangaben	55

Fünfter Abschnitt
Ordnungswidrigkeiten

	§
Ordnungswidrigkeiten	56

Sechster Abschnitt
Schlußvorschriften

	§
Geltung in Berlin	57
Inkrafttreten	58

Auf Grund des § 5 Abs. 1 des Gesetzes über Einheiten im Meßwesen vom 2. Juli 1969 (Bundesgesetzbl. I S. 709) verordnet die Bundesregierung mit Zustimmung des Bundesrates:

Erster Abschnitt
Allgemeine Vorschriften

§ 1
Gesetzliche abgeleitete Einheiten

(1) Gesetzliche abgeleitete Einheiten gemäß § 2 Nr. 3 des Gesetzes über Einheiten im Meßwesen sind die in dieser Verordnung mit Namen und Kurzzeichen (im folgenden Einheitenzeichen genannt) festgesetzten Einheiten.

(2) Die abgeleiteten Einheiten mit eingeschränktem Anwendungsbereich in §§ 47 bis 50 und § 52 dürfen nicht zur Bildung abgeleiteter Einheiten mit uneingeschränktem Anwendungsbereich verwendet werden.

§ 2
Namen und Einheitenzeichen

Außer den in dieser Verordnung festgesetzten Namen und Einheitenzeichen sind für abgeleitete Einheiten, die als Potenzen oder Produkte von

145

Potenzen aus anderen Einheiten abgeleitet sind, auch die die Potenzen oder Produkte von Potenzen ausdrückenden Benennungen und Einheitenzeichen zulässig.

Zweiter Abschnitt
Gesetzliche abgeleitete Einheiten

§ 3
Fläche

(1) 1. Die abgeleitete SI-Einheit der Fläche ist das Quadratmeter oder Meterquadrat (Einheitenzeichen: m²).

2. 1 Quadratmeter ist gleich der Fläche eines Quadrates von der Seitenlänge 1 m.

(2) Abgeleitete Einheiten der Fläche sind auch alle Einheiten, die als Quadrat eines dezimalen Vielfachen oder eines dezimalen Teiles des Meter gebildet werden.

§ 4
Volumen

(1) 1. Die abgeleitete SI-Einheit des Volumens ist das Kubikmeter (Einheitenzeichen: m³).

2. 1 Kubikmeter ist gleich dem Volumen eines Würfels von der Kantenlänge 1 m.

(2) Abgeleitete Einheiten des Volumens sind auch alle Einheiten, die als Kubus eines dezimalen Vielfachen oder eines dezimalen Teiles des Meter gebildet werden.

(3) 1. Besonderer Name für das nach Absatz 2 gebildete Kubikdezimeter (Einheitenzeichen: dm³) ist das Liter (Einheitenzeichen: l).

2. 1 Liter ist gleich $\frac{1}{1\,000}$ m³.

§ 5
Ebener Winkel (Winkel)

(1) 1. Die abgeleitete SI-Einheit des ebenen Winkels ist der Radiant (Einheitenzeichen: rad).

2. 1 Radiant ist gleich dem ebenen Winkel, der als Zentriwinkel eines Kreises vom Halbmesser 1 m aus dem Kreis einen Bogen der Länge 1 m ausschneidet.

(2) Abgeleitete Einheiten des ebenen Winkels sind auch:

1. a) der Vollwinkel,
   b) 1 Vollwinkel ist gleich 2 π rad;
2. a) der rechte Winkel oder Rechte (Einheitenzeichen: ⌐),
   b) 1 rechter Winkel ist gleich $\frac{\pi}{2}$ rad;
3. a) der Grad (Einheitenzeichen: °) als neunzigster Teil des rechten Winkels,
   b) 1 Grad ist gleich $\frac{\pi}{180}$ rad;
4. a) die Minute (Einheitenzeichen: ') als sechzigster Teil des Grad,
   b) 1 Minute ist gleich $\frac{\pi}{10\,800}$ rad;

5. a) die Sekunde (Einheitenzeichen: ") als sechzigster Teil der Minute,
   b) 1 Sekunde ist gleich $\frac{\pi}{648\,000}$ rad;
6. a) das Gon (Einheitenzeichen: gon) als hundertster Teil des rechten Winkels,
   b) 1 Gon ist gleich $\frac{\pi}{200}$ rad.

(3) Bezeichnungen nach § 6 des Gesetzes über Einheiten im Meßwesen sind nicht auf dezimale Vielfache und dezimale Teile der Winkeleinheiten nach Absatz 2 Nummern 1 bis 5 anzuwenden.

§ 6
Räumlicher Winkel (Raumwinkel)

(1) Die abgeleitete SI-Einheit des räumlichen Winkels ist der Steradiant (Einheitenzeichen: sr).

(2) 1 Steradiant ist gleich dem räumlichen Winkel, der als gerader Kreiskegel mit seiner Spitze im Mittelpunkt einer Kugel vom Halbmesser 1 m aus der Kugeloberfläche eine Kalotte der Fläche 1 m² ausschneidet.

§ 7
Masse

(1) 1. Das Gramm (Einheitenzeichen: g) ist der tausendste Teil des Kilogramm.

2. 1 Gramm ist gleich $\frac{1}{1\,000}$ kg.

(2) 1. Besonderer Name für das Megagramm (Einheitenzeichen: Mg) ist die Tonne (Einheitenzeichen: t).

2. 1 Tonne ist gleich 1 000 kg.

(3) Bezeichnungen dezimaler Vielfacher und dezimaler Teile unter Verwendung von Vorsätzen sind nicht auf das Kilogramm anzuwenden.

(4) Einheiten des Gewichtes, die im geschäftlichen Verkehr bei der Angabe von Warenmengen benutzten Bezeichnung für die Masse sind die Masseneinheiten.

§ 8
Längenbezogene Masse

(1) 1. Die abgeleitete SI-Einheit der längenbezogenen Masse ist das Kilogramm durch Meter (Einheitenzeichen: kg/m).

2. 1 Kilogramm durch Meter ist gleich der längenbezogenen Masse eines homogenen Körpers, der bei konstantem Querschnitt über seine Gesamtlänge auf je 1 m Länge die Masse 1 kg hat.

(2) Abgeleitete Einheiten der längenbezogenen Masse sind auch alle anderen Quotienten, die aus einer gesetzlichen Masseneinheit und einer gesetzlichen Längeneinheit gebildet werden.

§ 9
Flächenbezogene Masse

(1) 1. Die abgeleitete SI-Einheit der flächenbezogenen Masse ist das Kilogramm durch Quadratmeter (Einheitenzeichen: kg/m²).

2. 1 Kilogramm durch Quadratmeter ist gleich der flächenbezogenen Masse eines homogenen Körpers, der bei konstanter Dicke über seine Gesamtfläche auf je 1 m² Fläche die Masse 1 kg hat.

(2) Abgeleitete Einheiten der flächenbezogenen Masse sind auch alle anderen Quotienten, die aus einer gesetzlichen Masseneinheit und einer gesetzlichen Flächeneinheit gebildet werden.

§ 10
Dichte

(1) 1. Die abgeleitete SI-Einheit der Dichte ist das Kilogramm durch Kubikmeter (Einheitenzeichen: kg/m³).

2. 1 Kilogramm durch Kubikmeter ist gleich der Dichte eines homogenen Körpers, der bei der Masse 1 kg das Volumen 1 m³ einnimmt.

(2) Abgeleitete Einheiten der Dichte sind auch alle anderen Quotienten, die aus einer gesetzlichen Masseneinheit und einer gesetzlichen Volumeneinheit gebildet werden.

§ 11
Zeit (Zeitspanne)

(1) Abgeleitete Einheiten der Zeit sind:
1. a) die Minute (Einheitenzeichen: min) als Sechzigfaches der Sekunde,
   b) 1 Minute ist gleich 60 s;
2. a) die Stunde (Einheitenzeichen: h) als Sechzigfaches der Minute,
   b) 1 Stunde ist gleich 3 600 s;
3. a) der Tag (Einheitenzeichen: d) als Vierundzwanzigfaches der Stunde,
   b) 1 Tag ist gleich 86 400 s.

(2) Bezeichnungen nach § 6 des Gesetzes über Einheiten im Meßwesen sind nicht auf dezimale Vielfache und dezimale Teile der Zeiteinheiten nach Absatz 1 anzuwenden.

§ 12
Frequenz

(1) Die abgeleitete SI-Einheit der Frequenz ist das Hertz (Einheitenzeichen: Hz).

(2) 1 Hertz ist gleich der Frequenz eines periodischen Vorganges der Periodendauer 1 s.

§ 13
Geschwindigkeit

(1) 1. Die abgeleitete SI-Einheit der Geschwindigkeit ist das Meter durch Sekunde (Einheitenzeichen: m/s).

2. 1 Meter durch Sekunde ist gleich der Geschwindigkeit eines sich gleichförmig und geradlinig bewegenden Körpers, der während der Zeit 1 s die Strecke 1 m zurücklegt.

(2) Abgeleitete Einheiten der Geschwindigkeit sind auch alle anderen Quotienten, die aus einer gesetzlichen Längeneinheit und einer gesetzlichen Zeiteinheit gebildet werden.

§ 14
Beschleunigung

(1) 1. Die abgeleitete SI-Einheit der Beschleunigung ist das Meter durch Sekundenquadrat (Einheitenzeichen: m/s²).

2. 1 Meter durch Sekundenquadrat ist gleich der Beschleunigung eines sich geradlinig bewegenden Körpers, dessen Geschwindigkeit sich während der Zeit 1 s gleichmäßig um 1 m/s ändert.

(2) Abgeleitete Einheiten der Beschleunigung sind auch alle anderen Quotienten, die aus einer gesetzlichen Längeneinheit und dem Quadrat einer oder dem Produkt zweier gesetzlicher Zeiteinheiten gebildet werden.

§ 15
Winkelgeschwindigkeit

(1) 1. Die abgeleitete SI-Einheit der Winkelgeschwindigkeit ist der Radiant durch Sekunde (Einheitenzeichen: rad/s).

2. 1 Radiant durch Sekunde ist gleich der Winkelgeschwindigkeit eines gleichförmig rotierenden Körpers, der sich während der Zeit 1 s um den Winkel 1 rad um die Rotationsachse dreht.

(2) Abgeleitete Einheiten der Winkelgeschwindigkeit sind auch alle anderen Quotienten, die aus einer gesetzlichen Winkeleinheit und einer gesetzlichen Zeiteinheit gebildet werden.

§ 16
Winkelbeschleunigung

(1) 1. Die abgeleitete SI-Einheit der Winkelbeschleunigung ist der Radiant durch Sekundenquadrat (Einheitenzeichen: rad/s²).

2. 1 Radiant durch Sekundenquadrat ist gleich der Winkelbeschleunigung eines Körpers, dessen Winkelgeschwindigkeit sich während der Zeit 1 s gleichmäßig um 1 rad/s ändert.

(2) Abgeleitete Einheiten der Winkelbeschleunigung sind auch alle anderen Quotienten, die aus einer gesetzlichen Winkeleinheit und dem Quadrat einer gesetzlichen Zeiteinheit gebildet werden.

§ 17
Volumenstrom, Volumendurchfluß

(1) 1. Die abgeleitete SI-Einheit des Volumenstroms oder Volumendurchflusses ist das Kubikmeter durch Sekunde (Einheitenzeichen: m³/s).

2. 1 Kubikmeter durch Sekunde ist gleich dem Volumenstrom oder Volumendurchfluß eines homogenen Fluids mit dem Volumen 1 m³, das während der Zeit 1 s gleichförmig durch einen Strömungsquerschnitt fließt.

(2) Abgeleitete Einheiten des Volumenstroms oder Volumendurchflusses sind auch alle anderen Quotienten, die aus einer gesetzlichen Volumeneinheit und einer gesetzlichen Zeiteinheit gebildet werden.

§ 18
Massenstrom, Massendurchfluß

(1) 1. Die abgeleitete SI-Einheit des Massenstroms oder Massendurchflusses ist das Kilogramm durch Sekunde (Einheitenzeichen: kg/s).

2. 1 Kilogramm durch Sekunde ist gleich dem Massenstrom oder Massendurchfluß eines homogenen Fluids mit der Masse 1 kg, das während der Zeit 1 s gleichförmig durch einen Strömungsquerschnitt fließt.

(2) Abgeleitete Einheiten des Massenstroms oder Massendurchflusses sind auch alle anderen Quotienten, die aus einer gesetzlichen Masseneinheit und einer gesetzlichen Zeiteinheit gebildet werden.

§ 19
Kraft

(1) 1. Die abgeleitete SI-Einheit der Kraft ist das Newton (Einheitenzeichen: N).

2. 1 Newton ist gleich der Kraft, die einem Körper der Masse 1 kg die Beschleunigung 1 m/s² erteilt.

(2) Abgeleitete Einheiten der Kraft sind auch alle Produkte, die aus einer gesetzlichen Masseneinheit und einer gesetzlichen Beschleunigungseinheit gebildet werden.

(3) Einheiten des Gewichts als Kraftgröße (Gewichtskraft) im Sinne des Produktes aus Masse und Fallbeschleunigung sind die Krafteinheiten.

§ 20
Druck, mechanische Spannung

(1) 1. Die abgeleitete SI-Einheit des Druckes oder der mechanischen Spannung ist das Pascal (Einheitenzeichen: Pa).

2. 1 Pascal ist gleich dem auf eine Fläche gleichmäßig wirkenden Druck, bei dem senkrecht auf die Fläche 1 m² die Kraft 1 N ausgeübt wird.

(2) Abgeleitete Einheiten des Druckes oder der mechanischen Spannung sind auch alle Quotienten, die aus einer gesetzlichen Krafteinheit und einer gesetzlichen Flächeneinheit gebildet werden.

(3) 1. Besonderer Name für den zehnten Teil des Megapascal (Einheitenzeichen: MPa) ist das Bar (Einheitenzeichen: bar).

2. 1 Bar ist gleich 100 000 Pa.

§ 21
Dynamische Viskosität

(1) 1. Die abgeleitete SI-Einheit der dynamischen Viskosität ist die Pascalsekunde (Einheitenzeichen: Pa·s).

2. 1 Pascalsekunde ist gleich der dynamischen Viskosität eines laminar strömenden, homogenen Fluids, in dem zwischen zwei ebenen, parallel im Abstand 1 m angeordneten Schichten mit dem Geschwindigkeitsunterschied 1 m/s die Schubspannung 1 Pa herrscht.

(2) Abgeleitete Einheiten der dynamischen Viskosität sind auch alle durch eine gesetzliche Flächeneinheit dividierten Produkte aus einer gesetzlichen Krafteinheit und einer gesetzlichen Zeiteinheit.

§ 22
Kinematische Viskosität

(1) 1. Die abgeleitete SI-Einheit der kinematischen Viskosität ist das Quadratmeter durch Sekunde (Einheitenzeichen: m²/s).

2. 1 Quadratmeter durch Sekunde ist gleich der kinematischen Viskosität eines homogenen Fluids der dynamischen Viskosität 1 Pa·s und der Dichte 1 kg/m³.

(2) Abgeleitete Einheiten der kinematischen Viskosität sind auch alle anderen Quotienten, die aus einer gesetzlichen Flächeneinheit und einer gesetzlichen Zeiteinheit gebildet werden.

§ 23
Energie, Arbeit und Wärmemenge

(1) 1. Die abgeleitete SI-Einheit der Energie, Arbeit und Wärmemenge ist das Joule (Einheitenzeichen: J).

2. 1 Joule ist gleich der Arbeit, die verrichtet wird, wenn der Angriffspunkt der Kraft 1 N in Richtung der Kraft um 1 m verschoben wird.

(2) Abgeleitete Einheiten der Energie, Arbeit und Wärmemenge sind auch alle Produkte, die gebildet werden
a) aus einer gesetzlichen Krafteinheit und einer gesetzlichen Längeneinheit,
b) aus einer gesetzlichen Leistungseinheit und einer gesetzlichen Zeiteinheit.

§ 24
Leistung, Energiestrom und Wärmestrom

(1) 1. Die abgeleitete SI-Einheit der Leistung, des Energiestroms und des Wärmestroms ist das Watt (Einheitenzeichen: W).

2. 1 Watt ist gleich der Leistung, bei der während der Zeit 1 s die Energie 1 J umgesetzt wird.

(2) Abgeleitete Einheiten der Leistung, des Energiestroms und des Wärmestroms sind auch alle Quotienten, die aus einer gesetzlichen Einheit der Energie, Arbeit und Wärmemenge und einer gesetzlichen Zeiteinheit gebildet werden.

(3) 1. Bei der Angabe von elektrischen Scheinleistungen darf das Watt auch als Voltampere (Einheitenzeichen: VA) bezeichnet werden.

2. Bei der Angabe von elektrischen Blindleistungen darf das Watt auch als Var (Einheitenzeichen: var) bezeichnet werden.

§ 25
Elektrische Spannung, elektrische Potentialdifferenz

(1) Die abgeleitete SI-Einheit der elektrischen Spannung oder elektrischen Potentialdifferenz ist das Volt (Einheitenzeichen: V).

(2) 1 Volt ist gleich der elektrischen Spannung oder elektrischen Potentialdifferenz zwischen zwei Punkten eines fadenförmigen, homogenen und gleichmäßig temperierten metallischen Leiters, in dem bei einem zeitlich unveränderlichen elektrischen Strom der Stärke 1 A zwischen den beiden Punkten die Leistung 1 W umgesetzt wird.

§ 26
Elektrischer Widerstand

(1) Die abgeleitete SI-Einheit des elektrischen Widerstandes ist das Ohm (Einheitenzeichen: Ω).

(2) 1 Ohm ist gleich dem elektrischen Widerstand zwischen zwei Punkten eines fadenförmigen, homogenen und gleichmäßig temperierten metallischen Leiters, durch den bei der elektrischen Spannung 1 V zwischen den beiden Punkten ein zeitlich unveränderlicher elektrischer Strom der Stärke 1 A fließt.

§ 27
Elektrischer Leitwert

(1) Die abgeleitete SI-Einheit des elektrischen Leitwertes ist das Siemens (Einheitenzeichen: S).

(2) 1 Siemens ist gleich dem elektrischen Leitwert eines Leiters vom elektrischen Widerstand 1 Ω.

§ 28
Elektrizitätsmenge, elektrische Ladung

(1) 1. Die abgeleitete SI-Einheit der Elektrizitätsmenge oder elektrischen Ladung ist das Coulomb (Einheitenzeichen: C).

2. 1 Coulomb ist gleich der Elektrizitätsmenge, die während der Zeit 1 s bei einem zeitlich unveränderlichen elektrischen Strom der Stärke 1 A durch den Querschnitt eines Leiters fließt.

(2) Abgeleitete Einheiten der Elektrizitätsmenge oder elektrischen Ladung sind auch alle Produkte, die aus einer gesetzlichen Einheit der elektrischen Stromstärke und einer gesetzlichen Zeiteinheit gebildet werden.

§ 29
Elektrische Kapazität

(1) Die abgeleitete SI-Einheit der elektrischen Kapazität ist das Farad (Einheitenzeichen: F).

(2) 1 Farad ist gleich der elektrischen Kapazität eines Kondensators, der durch die Elektrizitätsmenge 1 C auf die elektrische Spannung 1 V aufgeladen wird.

§ 30
Elektrische Flußdichte, Verschiebung

(1) 1. Die abgeleitete SI-Einheit der elektrischen Flußdichte oder Verschiebung ist das Coulomb durch Quadratmeter (Einheitenzeichen: C/m^2).

2. 1 Coulomb durch Quadratmeter ist gleich der elektrischen Flußdichte oder Verschiebung in einem Plattenkondensator, dessen beide im Vakuum parallel zueinander angeordnete, unendlich ausgedehnte Platten je Fläche 1 m^2 gleichmäßig mit der Elektrizitätsmenge 1 C aufgeladen wären.

(2) Abgeleitete Einheiten der elektrischen Flußdichte oder Verschiebung sind auch alle anderen Quotienten, die aus einer gesetzlichen Einheit der Elektrizitätsmenge und einer gesetzlichen Flächeneinheit gebildet werden.

§ 31
Elektrische Feldstärke

(1) 1. Die abgeleitete SI-Einheit der elektrischen Feldstärke ist das Volt durch Meter (Einheitenzeichen: V/m).

2. 1 Volt durch Meter ist gleich der elektrischen Feldstärke eines homogenen elektrischen Feldes, in dem die Potentialdifferenz zwischen zwei Punkten im Abstand 1 m in Richtung des Feldes 1 V beträgt.

(2) Abgeleitete Einheiten der elektrischen Feldstärke sind auch alle anderen Quotienten, die aus einer gesetzlichen Einheit der elektrischen Spannung und einer gesetzlichen Längeneinheit gebildet werden.

§ 32
Magnetischer Fluß

(1) 1. Die abgeleitete SI-Einheit des magnetischen Flusses ist das Weber (Einheitenzeichen: Wb).

2. 1 Weber ist gleich dem magnetischen Fluß, bei dessen gleichmäßiger Abnahme während der Zeit 1 s auf null in einer ihn umschlingenden Windung die elektrische Spannung 1 V induziert wird.

(2) Das Weber darf auch als Voltsekunde (Einheitenzeichen: Vs) bezeichnet werden.

§ 33
Magnetische Flußdichte, Induktion

(1) 1. Die abgeleitete SI-Einheit der magnetischen Flußdichte oder Induktion ist das Tesla (Einheitenzeichen: T).

2. 1 Tesla ist gleich der Flächendichte des homogenen magnetischen Flusses 1 Wb, der die Fläche 1 m^2 senkrecht durchsetzt.

(2) Abgeleitete Einheiten der magnetischen Flußdichte oder Induktion sind auch alle Quotienten, die aus einer gesetzlichen Einheit des magnetischen Flusses und einer gesetzlichen Flächeneinheit gebildet werden.

§ 34
Induktivität

(1) Die abgeleitete SI-Einheit der Induktivität ist das Henry (Einheitenzeichen: H).

(2) 1 Henry ist gleich der Induktivität einer geschlossenen Windung, die, von einem elektrischen Strom der Stärke 1 A durchflossen, im Vakuum den magnetischen Fluß 1 Wb umschlingt.

§ 35
Magnetische Feldstärke

(1) 1. Die abgeleitete SI-Einheit der magnetischen Feldstärke ist das Ampere durch Meter (Einheitenzeichen: A/m).

2. 1 Ampere durch Meter ist gleich der magnetischen Feldstärke, die ein durch einen unendlich langen, geraden Leiter von kreisförmigem Querschnitt fließender elektrischer Strom der Stärke 1 A im Vakuum außerhalb des Leiters auf dem Rand einer zum Leiterquerschnitt konzentrischen Kreisfläche vom Umfang 1 m hervorrufen würde.

(2) Abgeleitete Einheiten der magnetischen Feldstärke sind auch alle anderen Quotienten, die aus einer gesetzlichen Einheit der elektrischen Stromstärke und einer gesetzlichen Längeneinheit gebildet werden.

§ 36
Temperatur

Besonderer Name für das Kelvin (Einheitenzeichen: K) nach § 3 des Gesetzes über Einheiten im Meßwesen bei der Angabe von Celsius-Temperaturen ist der Grad Celsius (Einheitenzeichen: °C).

§ 37
Leuchtdichte

(1) 1. Die abgeleitete SI-Einheit der Leuchtdichte ist die Candela durch Quadratmeter (Einheitenzeichen: cd/m^2).

2. 1 Candela durch Quadratmeter ist gleich dem 600 000sten Teil der Leuchtdichte eines Schwarzen Strahlers bei der Temperatur des beim Druck 101 325 Pa erstarrenden Platins.

(2) Abgeleitete Einheiten der Leuchtdichte sind auch alle anderen Quotienten, die aus einer gesetzlichen Lichtstärkeeinheit und einer gesetzlichen Flächeneinheit gebildet werden.

§ 38
Lichtstrom

(1) Die abgeleitete SI-Einheit des Lichtstroms ist das Lumen (Einheitenzeichen: lm).

(2) 1 Lumen ist gleich dem Lichtstrom, den eine punktförmige Lichtquelle mit der Lichtstärke 1 cd gleichmäßig nach allen Richtungen in den Raumwinkel 1 sr aussendet.

§ 39
Beleuchtungsstärke

(1) 1. Die abgeleitete SI-Einheit der Beleuchtungsstärke ist das Lux (Einheitenzeichen: lx).

2. 1 Lux ist gleich der Beleuchtungsstärke, die auf einer Fläche herrscht, wenn auf 1 m^2 der Fläche gleichmäßig verteilt der Lichtstrom 1 lm fällt.

(2) Abgeleitete Einheiten der Beleuchtungsstärke sind auch alle Quotienten, die aus einer gesetzlichen Lichtstromeinheit und einer gesetzlichen Flächeneinheit gebildet werden.

§ 40
Aktivität einer radioaktiven Substanz

(1) Die abgeleitete SI-Einheit der Aktivität einer radioaktiven Substanz ist die reziproke Sekunde (Einheitenzeichen: s^{-1}).

(2) 1 reziproke Sekunde als Einheit der Aktivität einer radioaktiven Substanz ist gleich der Aktivität einer Menge eines radioaktiven Nuklids, in der der Quotient aus dem statistischen Erwartungswert für die Anzahl der Umwandlungen oder isomeren Übergänge und der Zeitspanne, in der diese Umwandlungen oder Übergänge stattfinden, bei abnehmender Zeitspanne dem Grenzwert 1/s zustrebt.

§ 41
Energiedosis, Äquivalentdosis

(1) 1. Die abgeleitete SI-Einheit der Energie- oder Äquivalentdosis ist das Joule durch Kilogramm (Einheitenzeichen: J/kg).

2. 1 Joule durch Kilogramm ist gleich der Energie- oder Äquivalentdosis, die bei Übertragung der Energie 1 J auf Materie der Masse 1 kg durch ionisierende Strahlung räumlich konstanter Energieflußdichte entsteht.

(2) Abgeleitete Einheiten der Energie- oder Äquivalentdosis sind auch alle anderen Quotienten, die aus einer gesetzlichen Energieeinheit und einer gesetzlichen Masseneinheit gebildet werden.

§ 42
Energiedosisrate, Energiedosisleistung; Äquivalentdosisrate, Äquivalentdosisleistung

(1) 1. Die abgeleitete SI-Einheit der Energiedosis- oder Äquivalentdosisrate oder -leistung ist das Watt durch Kilogramm (Einheitenzeichen: W/kg).

2. 1 Watt durch Kilogramm ist gleich der Energiedosis- oder Äquivalentdosisrate oder -leistung, die durch eine ionisierende Strahlung zeitlich unveränderlicher Energieflußdichte die Energie- oder Äquivalentdosis 1 J/kg während der Zeit 1 s entsteht.

(2) Abgeleitete Einheiten der Energiedosis- oder Äquivalentdosisrate oder -leistung sind auch alle anderen Quotienten, die aus einer gesetzlichen Einheit der Energie- oder Äquivalentdosis und einer gesetzlichen Zeiteinheit gebildet werden.

§ 43
Ionendosis

(1) 1. Die abgeleitete SI-Einheit der Ionendosis ist das Coulomb durch Kilogramm (Einheitenzeichen: C/kg).

2. 1 Coulomb durch Kilogramm ist gleich der Ionendosis, die bei der Erzeugung von Ionen eines Vorzeichens mit der elektrischen Ladung 1 C in Luft der Masse 1 kg durch ionisierende Strahlung räumlich konstanter Energieflußdichte entsteht.

(2) Abgeleitete Einheiten der Ionendosis sind auch alle anderen Quotienten, die aus einer gesetzlichen Einheit der elektrischen Ladung und einer gesetzlichen Masseneinheit gebildet werden.

§ 44
Ionendosisrate, Ionendosisleistung

(1) 1. Die abgeleitete SI-Einheit der Ionendosisrate oder -leistung ist das Ampere durch Kilogramm (Einheitenzeichen: A/kg).

2. 1 Ampere durch Kilogramm ist gleich der Ionendosisrate oder -leistung, bei der durch eine ionisierende Strahlung zeitlich unveränderlicher Energieflußdichte die Ionendosis 1 C/kg während der Zeit 1 s entsteht.

(2) Abgeleitete Einheiten der Ionendosisrate oder -leistung sind auch alle anderen Quotienten, die aus einer gesetzlichen Einheit der Ionendosis und einer gesetzlichen Zeiteinheit gebildet werden.

§ 45
Stoffmengenbezogene Masse, molare Masse

(1) 1. Die abgeleitete SI-Einheit der stoffmengenbezogenen Masse oder molaren Masse ist das Kilogramm durch Mol (Einheitenzeichen: kg/mol).

2. 1 Kilogramm durch Mol ist gleich der stoffmengenbezogenen Masse oder molaren Masse eines homogenen Stoffes, der bei der Masse 1 kg die Stoffmenge 1 mol hat.

(2) Abgeleitete Einheiten der stoffmengenbezogenen Masse oder molaren Masse sind auch alle anderen Quotienten, die aus einer gesetzlichen Masseneinheit und einer gesetzlichen Stoffmengeneinheit gebildet werden.

§ 46
Stoffmengenkonzentration, Molarität

(1) 1. Die abgeleitete SI-Einheit der Stoffmengenkonzentration oder Molarität ist das Mol durch Kubikmeter (Einheitenzeichen: mol/m³).

2. 1 Mol durch Kubikmeter ist gleich der Stoffmengenkonzentration oder Molarität einer Komponente in einem homogenen Stoffgemisch, wenn die Komponente die Stoffmenge 1 mol hat und das Stoffgemisch das Volumen 1 m³ einnimmt.

(2) Abgeleitete Einheiten der Stoffmengenkonzentration oder Molarität sind auch alle anderen Quotienten, die aus einer gesetzlichen Stoffmengeneinheit und einer gesetzlichen Volumeneinheit gebildet werden.

Dritter Abschnitt
Gesetzliche abgeleitete Einheiten mit eingeschränktem Anwendungsbereich

§ 47
Brechkraft von optischen Systemen

(1) Besonderer Name für die Einheit der Brechkraft von optischen Systemen ist die Dioptrie (Abkürzung: dpt).

(2) 1 Dioptrie ist gleich der Brechkraft eines optischen Systems mit der Brennweite 1 m in einem Medium der Brechzahl 1.

§ 48
Fläche von Grundstücken und Flurstücken

(1) 1. Besonderer Name für die nach § 3 Abs. 2 gebildete Flächeneinheit Quadratdekameter (Einheitenzeichen: dam²) bei der Angabe der Fläche von Grundstücken und Flurstücken ist das Ar (Einheitenzeichen: a).

2. 1 Ar ist gleich $100 \cdot m^2$.

(2) Das Hundertfache des Ar wird als Hektar (Einheitenzeichen: ha) bezeichnet.

§ 49
Masse von Edelsteinen

(1) Besonderer Name für den fünftausendsten Teil des Kilogramm (Einheitenzeichen: kg) bei der Angabe der Masse von Edelsteinen ist das metrische Karat (Abkürzung: Kt).

(2) 1 metrisches Karat ist gleich $\frac{1}{5\,000}$ kg.

§ 50
Längenbezogene Masse von textilen Fasern und Garnen

(1) Besonderer Name für das nach § 8 Abs. 2 gebildete Gramm durch Kilometer (Einheitenzeichen: g/km) bei der Angabe der längenbezogenen Masse von textilen Fasern und Garnen ist das Tex (Einheitenzeichen: tex).

(2) 1 Tex ist gleich $\frac{1}{1\,000\,000}$ kg/m.

Vierter Abschnitt
Übergangsvorschriften

§ 51
Abgeleitete Einheiten

(1) Bis zum 31. Dezember 1974 dürfen auch die folgenden abgeleiteten Einheiten verwendet werden:

1. für die Leistung
   a) im amtlichen Verkehr das internationale Watt (Einheitenzeichen: W_{int}; oder Abkürzung: int. W),
   b) 1 internationales Watt ist gleich $\frac{1{,}000\,34^2}{1{,}000\,49}$ W;

2. für die elektrische Stromstärke
   a) im amtlichen Verkehr das internationale Ampere (Einheitenzeichen: A_{int}; oder Abkürzung: int. A),
   b) 1 internationales Ampere ist gleich $\frac{1,000\,34}{1,000\,49}$ A;
3. für die elektrische Spannung
   a) im amtlichen Verkehr das internationale Volt (Einheitenzeichen: V_{int}; oder Abkürzung: int. V),
   b) 1 internationales Volt ist gleich 1,000 34 V;
4. für den elektrischen Widerstand
   a) im amtlichen Verkehr das internationale Ohm (Einheitenzeichen: Ω_{int}; oder Abkürzung: int. Ω),
   b) 1 internationales Ohm ist gleich 1,000 49 Ω;
5. für die elektrische Kapazität
   a) im amtlichen Verkehr das internationale Farad (Einheitenzeichen: F_{int}; oder Abkürzung: int. F)
   b) 1 internationales Farad ist gleich $\frac{1}{1,000\,49}$ F;
6. für die Induktivität
   a) im amtlichen Verkehr das internationale Henry (Einheitenzeichen: H_{int}; oder Abkürzung: int. H),
   b) 1 internationales Henry ist gleich 1,000 49 H;
7. für die Leuchtdichte
   a) das Stilb (Einheitenzeichen: sb),
   b) 1 Stilb ist gleich 10 000 cd/m².

(2) Bis zum 31. Dezember 1977 dürfen auch die folgenden abgeleiteten Einheiten verwendet werden:
1. für die Länge
   a) das Ångström (Einheitenzeichen: Å),
   b) 1 Ångström ist gleich $\frac{1}{10\,000\,000\,000}$ m;
2. für den ebenen Winkel
   a) aa) die Neuminute (Einheitenzeichen: ^{c}) als hundertster Teil des Gon nach § 5 Abs. 2 Nr. 6,
   bb) 1 Neuminute ist gleich $\frac{\pi}{20\,000}$ rad;
   b) aa) die Neusekunde (Einheitenzeichen: ^{cc}) als hundertster Teil der Neuminute nach Buchstabe a,
   bb) 1 Neusekunde ist gleich $\frac{\pi}{2\,000\,000}$ rad;
3. für die Masse
   alle Quotienten, die aus dem Pond nach Nummer 4 Buchstabe b und einer gesetzlichen Beschleunigungseinheit gebildet werden;
4. für die Kraft
   a) aa) das Dyn (Einheitenzeichen: dyn),
   bb) 1 Dyn ist gleich $\frac{1}{100\,000}$ N;
   b) aa) das Pond (Einheitenzeichen: p),
   bb) 1 Pond ist gleich $\frac{980\,665}{100\,000\,000}$ N;
5. für den Druck und die mechanische Spannung
   a) alle Quotienten, die aus dem Pond nach Nummer 4 Buchstabe b und einer gesetzlichen Flächeneinheit gebildet werden;
   b) aa) die technische Atmosphäre (Einheitenzeichen: at) als besonderer Name für das nach Buchstabe a gebildete Kilopond durch Quadratzentimeter (Einheitenzeichen: kp/cm²),
   bb) 1 technische Atmosphäre ist gleich 98 066,5 Pa;
   c) aa) die physikalische Atmosphäre (Einheitenzeichen: atm),
   bb) 1 physikalische Atmosphäre ist gleich 101 325 Pa;
   d) aa) das Torr (Einheitenzeichen: Torr) als besonderer Name für den siebenhundertsechzigsten Teil der physikalischen Atmosphäre nach Buchstabe c,
   bb) 1 Torr ist gleich $\frac{101\,325}{760}$ Pa;
   e) aa) die konventionelle Meter-Wassersäule (Einheitenzeichen: mWS) als besonderer Name für den zehnten Teil der technischen Atmosphäre nach Buchstabe b,
   bb) 1 konventionelle Meter-Wassersäule ist gleich 9 806,65 Pa;
   f) aa) die konventionelle Millimeter-Quecksilbersäule (Einheitenzeichen: mmHg),
   bb) 1 konventionelle Millimeter-Quecksilbersäule ist gleich 133,322 Pa;
6. für die dynamische Viskosität
   a) das Poise (Einheitenzeichen: P) als besonderer Name für die Dezipascalsekunde (Einheitenzeichen: dPa·s),
   b) 1 Poise ist gleich $\frac{1}{10}$ Pa·s;
7. für die kinematische Viskosität
   a) das Stokes (Einheitenzeichen: St) als besonderer Name für das Quadratzentimeter durch Sekunde (Einheitenzeichen: cm²/s) nach § 20 Abs. 2,
   b) 1 Stokes ist gleich $\frac{1}{10\,000}$ m²/s;
8. für die Energie, Arbeit und Wärmemenge
   a) alle Produkte, die aus dem Pond nach Nummer 4 Buchstabe b und einer gesetzlichen Längeneinheit gebildet werden;
   b) aa) das Erg (Einheitenzeichen: erg),
   bb) 1 Erg ist gleich $\frac{1}{10\,000\,000}$ J;
   c) aa) die Kalorie (Einheitenzeichen: cal),
   bb) 1 Kalorie ist gleich 4,186 8 J;

9. für die Leistung
   a) die Pferdestärke (Einheitenzeichen: PS),
   b) 1 Pferdestärke ist gleich 735,498 75 W;

10. für die Aktivität einer radioaktiven Substanz
    a) das Curie (Einheitenzeichen: Ci) als besonderer Name für das Siebenunddreißigfache der reziproken Nanosekunde (Einheitenzeichen: ns^{-1}),
    b) 1 Curie ist gleich 37 000 000 000 s^{-1});

11. für die Energie- oder Äquivalentdosis
    a) aa) das Rad (Einheitenzeichen: rd) als besonderer Name für das Zentijoule durch Kilogramm (Einheitenzeichen: cJ/kg),
       bb) 1 Rad ist gleich $\frac{1}{100}$ J/kg;
    b) aa) das Rem (Einheitenzeichen: rem) bei der Angabe von Werten der Äquivalentdosis als besonderer Name für das Zentijoule durch Kilogramm (Einheitenzeichen: cJ/kg),
       bb) 1 Rem ist gleich $\frac{1}{100}$ J/kg;

12. für die Ionendosis
    a) das Röntgen (Einheitenzeichen: R) als besonderer Name für das Zweihundertachtundfünfzigfache des Mikrocoulomb durch Kilogramm (Einheitenzeichen: µC/kg),
    b) 1 Röntgen ist gleich $\frac{258}{1\,000\,000}$ C/kg.

§ 52
Abgeleitete Einheiten mit eingeschränktem Anwendungsbereich

(1) Bis zum 31. Dezember 1974 darf auch die folgende abgeleitete Einheit in dem bezeichneten Anwendungsbereich verwendet werden:

für die Angabe der Fläche von gegerbten Häuten:

a) das square foot (Einheitenzeichen: ft^2; oder Abkürzung: qfs),

b) 1 square foot ist gleich 0,092 903 04 m^2.

(2) Bis zum 31. Dezember 1977 dürfen auch die folgenden abgeleiteten Einheiten in dem jeweils bezeichneten Anwendungsbereich verwendet werden:

1. für satztechnische Längenangaben im Druckereigewerbe
   a) der typographische Punkt (Einheitenzeichen: p),
   b) 1 typographischer Punkt ist gleich
   $\frac{1\,000\,333}{2\,660\,000\,000}$ m;

2. für die Angabe des Wirkungsquerschnitts von Teilchen in der Atom- und Kernphysik
   a) das Barn (Einheitenzeichen: b),
   b) 1 Barn ist gleich 10^{-28} m^2;

3. für die Angabe des Volumens von Langholz und Schichtholz in der Forst- und Holzwirtschaft
   a) aa) das Festmeter (Abkürzung: Fm) als besonderer Name für das Kubikmeter (Einheitenzeichen: m^3) bei Volumenangaben für Langholz, errechnet aus Stammlänge und Stammdurchmesser,
      bb) 1 Festmeter ist gleich 1 m^3;
   b) aa) das Raummeter (Abkürzung: Rm) als besonderer Name für das Kubikmeter (Einheitenzeichen: m^3) bei Volumenangaben für geschichtetes Holz einschließlich der Luftzwischenräume,
      bb) 1 Raummeter ist gleich 1 m^3;

4. für die Angabe von Werten der Fallbeschleunigung
   a) das Gal (Einheitenzeichen: Gal) als besonderer Name für die Beschleunigungseinheit Zentimeter durch Sekundenquadrat (Einheitenzeichen: cm/s^2),
   b) 1 Gal ist gleich $\frac{1}{100}$ m/s^2.

§ 53
Bezeichnungen für abgeleitete Einheiten

Bis zum 31. Dezember 1974 dürfen auch die folgenden Bezeichnungen für abgeleitete Einheiten verwendet werden:

1. ebener Winkel:
   für das Gon nach § 5 Abs. 2 Nr. 6 die Bezeichnung Neugrad (Einheitenzeichen: ^{g});

2. Leistung:
   im amtlichen Verkehr für das Watt nach § 24 die Bezeichnung absolutes Watt (Einheitenzeichen: W_{abs}; oder Abkürzung: abs.W);

3. elektrische Stromstärke:
   im amtlichen Verkehr für das Ampere nach § 3 des Gesetzes über Einheiten im Meßwesen die Bezeichnung absolutes Ampere (Einheitenzeichen: A_{abs}; oder Abkürzung: abs.A);

4. elektrische Spannung:
   im amtlichen Verkehr für das Volt nach § 25 die Bezeichnung absolutes Volt (Einheitenzeichen: V_{abs}; oder Abkürzung: abs.V);

5. elektrischer Widerstand:
   im amtlichen Verkehr für das Ohm nach § 26 die Bezeichnung absolutes Ohm (Einheitenzeichen: Ω_{abs}; oder Abkürzung: abs.Ω);

6. elektrische Kapazität:
   im amtlichen Verkehr für das Farad nach § 29 die Bezeichnung absolutes Farad (Einheitenzeichen: F_{abs}; oder Abkürzung: abs.F);

7. Induktivität:
   im amtlichen Verkehr für das Henry nach § 34 die Bezeichnung absolutes Henry (Einheitenzeichen: H_{abs}; oder Abkürzung: abs.H);

8. Temperatur:

für das Kelvin nach § 3 des Gesetzes über Einheiten im Meßwesen bei der Angabe von Kelvin-Temperaturdifferenzen und für den Grad Celsius nach § 36 bei der Angabe von Celsius-Temperaturdifferenzen die Bezeichnung Grad (Einheitenzeichen: grd).

§ 54
Abkürzungen für abgeleitete Einheiten

(1) Bis zum 31. Dezember 1974 dürfen auch die folgenden Abkürzungen für abgeleitete Einheiten verwendet werden:

1. Fläche:

die Abkürzung qm für das Einheitenzeichen m^2,

die Abkürzung qkm für das Einheitenzeichen km^2,

die Abkürzung qdm für das Einheitenzeichen dm^2,

die Abkürzung qcm für das Einheitenzeichen cm^2,

die Abkürzung qmm für das Einheitenzeichen mm^2;

2. Volumen:

die Abkürzung cbm für das Einheitenzeichen m^3,

die Abkürzung cdm für das Einheitenzeichen dm^3,

die Abkürzung ccm für das Einheitenzeichen cm^3,

die Abkürzung cmm für das Einheitenzeichen mm^3.

(2) Bis zu einer gesonderten Regelung durch Rechtsverordnung, mit der Abkürzungen für gesetzliche Einheiten zur Benutzung in Datenverarbeitungsanlagen mit beschränktem Zeichenvorrat festgesetzt werden, darf in diesen Anlagen von der Schreibweise der in dieser Verordnung festgesetzten Einheitenzeichen abgewichen werden.

§ 55
Größenangaben

§ 1 des Gesetzes über Einheiten im Meßwesen ist nicht auf Größenangaben anzuwenden, die vor Ablauf der Übergangsfristen der §§ 51 bis 54 im geschäftlichen oder amtlichen Verkehr gemacht worden sind. Das gleiche gilt für Meßgeräte, die vor Ablauf dieser Übergangsfristen geeicht oder beglaubigt worden sind.

Fünfter Abschnitt
Ordnungswidrigkeiten

§ 56
Ordnungswidrigkeiten

Ordnungswidrig im Sinne des § 11 Abs. 1 Nr. 3 des Gesetzes über Einheiten im Meßwesen handelt, wer im geschäftlichen Verkehr zur Angabe von Größen, für die in den §§ 3 bis 52 gesetzliche Einheiten festgesetzt sind, nicht die gesetzlichen Einheiten verwendet.

Sechster Abschnitt
Schlußvorschriften

§ 57
Geltung in Berlin

Diese Verordnung gilt nach § 14 des Dritten Überleitungsgesetzes vom 4. Januar 1952 (Bundesgesetzbl. I S. 1) in Verbindung mit § 14 Satz 2 des Gesetzes über Einheiten im Meßwesen auch im Land Berlin.

§ 58
Inkrafttreten

Diese Verordnung tritt am 5. Juli 1970 in Kraft.

8.3 Richtlinie des Rates der Europäischen Gemeinschaften vom 18. Oktober 1971 zur Angleichung der Rechtsvorschriften der Mitgliedstaaten über die Einheiten im Meßwesen (Titelseite)

(71/354/EWG)

DER RAT DER EUROPÄISCHEN GEMEINSCHAFTEN —

gestützt auf den Vertrag zur Gründung der Europäischen Wirtschaftsgemeinschaft, insbesondere auf Artikel 100,

auf Vorschlag der Kommission,

nach Stellungnahme des Europäischen Parlaments [1],

nach Stellungnahme des Wirtschafts- und Sozialausschusses [2],

in Erwägung nachstehender Gründe:

In den Mitgliedstaaten ist die Verwendung von Einheiten im Meßwesen durch zwingende Vorschriften geregelt, die von einem Mit-

[1] ABl. Nr. C 78 vom 2. 8. 1971, S. 53.
[2] ABl. Nr. C 93 vom 21. 9. 1971, S. 18.

gliedstaat zum anderen verschieden sind und damit Handelshemmnisse bilden. Die Anwendung der Regeln über Meßgeräte ist eng mit der Verwendung von Einheiten im Meßwesen innerhalb des metrologischen Systems verknüpft. Unter diesen Bedingungen sowie in Anbetracht der Interdependenz der Vorschriften über Einheiten im Meßwesen einerseits und Meßgeräten andererseits ist eine Harmonisierung der Rechts- und Verwaltungsvorschriften erforderlich, um zu einer harmonischen Anwendung der bereits bestehenden und künftiger Gemeinschaftsrichtlinien auf dem Gebiet der Meßgeräte und der Meß- und Prüfverfahren zu gelangen.

Die Einheiten im Meßwesen sind Gegenstand internationaler Entscheidungen der Generalkonferenz für Maß und Gewicht (C.G.P.M.) der am 20. Mai 1875 in Paris unterzeichneten Meterkonvention, der alle Mitgliedstaaten angehören. Trotzdem sind die Einheiten im Meßwesen, namentlich ihre Namen und Zeichen und ihre Verwendung in den Mitgliedstaaten, nicht einheitlich —

HAT FOLGENDE RICHTLINIE ERLASSEN:

Artikel 1

(1) Die Mitgliedstaaten führen innerhalb von 5 Jahren nach dem Inkrafttreten dieser Richtlinie den Zwang zur Anwendung der Vorschriften von Kapitel I des Anhangs ein.

(2) Die Mitgliedstaaten untersagen die Verwendung der in Kapitel III des Anhangs aufgeführten Einheiten im Meßwesen spätestens mit Wirkung vom 1. Januar 1978 an.

(3) Der Anwendungszwang für die vorübergehend unter den Bedingungen des Kapitels II und III des Anhangs noch beibehaltenen Einheiten im Meßwesen darf nicht von den Mitgliedstaaten eingeführt werden, in denen diese Einheiten am Tage des Inkrafttretens der Richtlinie nicht zugelassen waren.

Artikel 2

Die Verpflichtungen aus Artikel 1 betreffen die verwendeten Meßgeräte, die durchgeführten Messungen und die in Einheiten ausgedrückten Angaben von Größen in der Wirtschaft, im öffentlichen Gesundheitswesen und im Bereich der öffentlichen Sicherheit sowie Maßnahmen im amtlichen Verkehr.

Artikel 3

Die Verwendung anderer Einheiten als die in dieser Richtlinie zwingend vorgeschriebenen, die in internationalen und zwischenstaatlichen Konventionen auf dem Gebiet der See- und Luftschiffahrt und des Eisenbahnwesens vorgesehen sind, wird durch diese Richtlinie nicht berührt.

Artikel 4

(1) Die Mitgliedstaaten setzen die erforderlichen Rechts- und Verwaltungsvorschriften in Kraft, um dieser Richtlinie binnen 18 Monaten nach ihrer Bekanntgabe nachzukommen, und setzen die Kommission hiervon unverzüglich in Kenntnis.

(2) Die Mitgliedstaaten tragen dafür Sorge, daß der Kommission der Wortlaut der wichtigsten innerstaatlichen Rechtsvorschriften mitgeteilt wird, die sie auf dem unter diese Richtlinie fallenden Gebiet erlassen.

Artikel 5

Diese Richtlinie ist an die Mitgliedstaaten gerichtet.

Geschehen zu Luxemburg am 18. Oktober 1971.

Im Namen des Rates
Der Präsident
A. MORO

Nach dieser Titelseite der Richtlinie folgt ein achtseitiger Anhang mit nachstehendem Inhalt:
Kapitel I: Endgültig zugelassene Einheiten im Meßwesen.
Kapitel II: Einheiten oder Namen von Einheiten im Meßwesen, deren Zulassung vor dem 31. Dezember 1977 erneut zu prüfen ist.
Kapitel III: Einheiten, Namen und Einheitenzeichen, die so bald wie möglich, spätestens jedoch bis zum 31. Dezember 1977, aufzugeben sind.

siehe auch: Schrifttum [4].

8.4 Gesetz zur Änderung des Gesetzes über Einheiten im Meßwesen vom 6. Juli 1973

Der Bundestag hat das folgende Gesetz beschlossen:

Artikel 1

Das Gesetz über Einheiten im Meßwesen vom 2. Juli 1969 (Bundesgesetzbl. I S. 709)[1] wird wie folgt geändert:

1. § 1 wird wie folgt geändert:

   a) In Absatz 1 wird das Wort „Kurzzeichen" ersetzt durch die Worte „Einheitenzeichen sowie Abkürzungen".

   b) An Absatz 3 wird folgender Satz 2 angefügt:
   „Die Bundesregierung wird ermächtigt, durch Rechtsverordnung mit Zustimmung des Bundesrates zu bestimmen, daß dieses Gesetz auch auf den geschäftlichen und amtlichen Verkehr anzuwenden ist, der von und nach Mitgliedstaaten der Europäischen Gemeinschaften stattfindet oder mit der Einfuhr aus oder der Ausfuhr nach diesen Staaten unmittelbar zusammenhängt, soweit dies zur Durchführung von Richtlinien des Rates der Europäischen Gemeinschaften erforderlich ist und der Anwendung gleicher Einheiten im Verkehr zwischen den Mitgliedstaaten dient."

2. In § 1 Abs. 4, § 3 Abs. 1, § 4 Abs. 2 und 3 und § 12 Abs. 2 wird jeweils das Wort „Kurzzeichen" durch das Wort „Einheitenzeichen" ersetzt.

3. § 2 Nr. 4 erhält folgende Fassung:
   „4. die durch Vorsätze nach § 6 bezeichneten dezimalen Vielfachen und Teile der in den Nummern 1 bis 3 aufgeführten Einheiten."

4. § 3 wird wie folgt geändert:

   a) In Absatz 1 Nr. 5 werden die Worte „oder Kelvin-Temperatur" gestrichen.

   b) In Absatz 1 wird folgende Nummer 6 eingefügt:
   „6. Basisgröße Stoffmenge mit der Basiseinheit Mol (Einheitenzeichen: mol),".

   Die bisherige Nummer 6 wird Nummer 7.

[1] GVBl. S. 951

c) In Absatz 5 werden die Worte „zwischen diesen Leitern je 1 Meter Leiterlänge elektrodynamisch die Kraft $\frac{1}{5\,000\,000}$ Kilogrammeter durch Sekundequadrat hervorrufen würde" ersetzt durch die Worte „zwischen diesen Leitern je 1 Meter Leiterlänge die Kraft $2 \cdot 10^{-7}$ Newton hervorrufen würde."

d) Absatz 7 wird ersetzt durch die folgenden Absätze 7 und 8:

„(7) Die Basiseinheit 1 Mol ist die Stoffmenge eines Systems, das aus ebensoviel Einzelteilchen besteht, wie Atome in $\frac{12}{1\,000}$ Kilogramm des Kohlenstoffnuklids ^{12}C enthalten sind. Bei Verwendung des Mol müssen die Einzelteilchen des Systems spezifiziert sein und können Atome, Moleküle, Ionen, Elektronen sowie andere Teilchen oder Gruppen solcher Teilchen genau angegebener Zusammensetzung sein.

(8) Die Basiseinheit 1 Candela ist die Lichtstärke, mit der $\frac{1}{600\,000}$ Quadratmeter der Oberfläche eines Schwarzen Strahlers bei der Temperatur des beim Druck 101 325 Newton durch Quadratmeter erstarrenden Platins senkrecht zu seiner Oberfläche leuchtet."

5. § 4 wird wie folgt geändert:

   a) Die Überschrift erhält folgende Fassung:
   „Atomphysikalische Einheiten für Masse und Energie".

   b) Absatz 1 wird gestrichen, die Absätze 2 und 3 werden Absätze 1 und 2.

6. § 5 erhält folgende Fassung:

   „§ 5

   Abgeleitete Einheiten, Ermächtigungen

   (1) Die Bundesregierung wird ermächtigt, zur Gewährleistung der Einheitlichkeit im Meßwesen nach Anhörung der beteiligten Kreise von Wissenschaft und Wirtschaft durch Rechtsverordnung mit Zustimmung des Bundesrates weitere Einheiten für besonders genannte Größen oder aus diesen

ableitbare Größen als gesetzliche Einheiten mit Namen und Einheitenzeichen sowie Abkürzungen festzusetzen. Diese Einheiten müssen sich als mit einem festen Zahlenfaktor multiplizierte Produkte aus Potenzen der Basiseinheiten nach § 3 und der atomphysikalischen Einheiten nach § 4 ableiten lassen.

(2) Der Bundesminister für Wirtschaft wird ermächtigt, zur Gewährleistung der Einheitlichkeit im Meßwesen durch Rechtsverordnung, die nicht der Zustimmung des Bundesrates bedarf, die Schreibweise der Zahlenwerte zu bestimmen und Abkürzungen von Einheitennamen festzusetzen, die für bestimmte Anwendungen im Bereich der Datenverarbeitung in Systemen mit beschränktem Zeichenvorrat an Stelle der gesetzlichen Einheitenzeichen verwendet werden dürfen."

7. § 6 wird wie folgt geändert:

a) Die Überschrift erhält folgende Fassung: „Vorsätze und Vorsatzzeichen".

b) In Absatz 1 werden die Worte „Dezimale Vielfache und Teile" durch die Worte „Die folgenden dezimalen Vielfachen und Teile" und das Wort „Kurzzeichen" jeweils durch das Wort „Vorsatzzeichen" ersetzt.

c) In Absatz 3 werden die Worte „Kurzzeichen des Vorsatzes" durch das Wort „Vorsatzzeichen" und die Worte „Kurzzeichen der Einheit" durch das Wort „Einheitenzeichen" ersetzt.

2) GVBl. S. 394

d) In Absatz 4 wird das Wort „Kurzzeichen" durch das Wort „Vorsatzzeichen" ersetzt.

8. In § 7 wird folgende Nummer 2 eingefügt:

„2. die Temperaturskala nach der Internationalen Praktischen Temperaturskala der Internationalen Meterkonvention darzustellen sowie die Zeitskala nach der Internationalen Atomzeitskala der Internationalen Meterkonvention darzustellen und unbeschadet der Aufgaben anderer Bundesbehörden zu verbreiten,".

Die bisherigen Nummern 2 bis 5 werden Nummern 3 bis 6.

Artikel 2

Der Bundesminister für Wirtschaft wird ermächtigt, das Gesetz über Einheiten im Meßwesen in der Fassung dieses Gesetzes neu bekanntzumachen und dabei Unstimmigkeiten des Wortlauts zu beseitigen.

Artikel 3

Dieses Gesetz gilt nach Maßgabe des § 13 Abs. 1 des Dritten Überleitungsgesetzes vom 4. Januar 1952 (Bundesgesetzbl. I S. 1)[2]) auch im Land Berlin.

Artikel 4

Dieses Gesetz tritt am Tage nach seiner Verkündung in Kraft.*)

---

*) Im Rahmen der Arbeit des Gesetzgebers ist es üblich, daß Gesetzesvorlagen mit ausführlichen Begründungen versehen sind. Der endgültige Gesetzestext enthält diese Begründungen nicht mehr. Da die Begründungen aber inhaltlich interessant und informativ sind, wird ihr Text hier mit abgedruckt.

Begründung

I. Allgemeines

Der Rat der Europäischen Gemeinschaften hat am 18. Oktober 1971 eine Richtlinie zur Angleichung der Rechtsvorschriften der Mitgliedstaaten über die Einheiten im Meßwesen erlassen (Amtsblatt der Europäischen Gemeinschaften vom 29. Oktober 1971, Nr. L 243, S. 29). Die Mitgliedstaaten sind verpflichtet, bis zum 29. April 1973 die erforderlichen Rechtsvorschriften und Verwaltungsvorschriften zu erlassen, um ihr nationales Recht an die Richtlinie anzupassen.

Zweck der Richtlinien ist die Beseitigung der innergemeinschaftlichen technischen Handelshemmnisse, die sich aus der Verwendung unterschiedlicher gesetzlicher Einheiten in der Wirtschaft, im öffentlichen Gesundheitswesen, im Bereich der öffentlichen Sicherheit und im sonstigen amtlichen Verkehr ergeben.

Die Richtlinie sieht die Einführung des Internationalen Einheitensystems (SI) vor, das auf Beschlüssen der Generalkonferenz für Maß und Gewicht der Meterkonvention beruht. Die Bundesrepublik hat die SI-Basiseinheiten bereits mit dem Gesetz über Einheiten im Meßwesen vom 2. Juli 1969 (Bundesgesetzbl. I S. 709) übernommen und ergänzende Vorschriften in der Ausführungsverordnung zum Gesetz über Einheiten im

Meßwesen vom 26. Juni 1970 (Bundesgesetzbl. I S. 981) erlassen. Die Übernahme der Vorschriften der Richtlinie erfordert somit nur wenige Änderungen in bezug auf die in der Bundesrepublik geltenden Einheiten.

Das Gesetz über Einheiten im Meßwesen ist zu ändern, weil die Pflicht zur Anwendung der gesetzlichen Einheiten auf den innergemeinschaftlichen Verkehr ausgedehnt und der Bereich der abgeleiteten Größen, für die gesetzliche Einheiten zuzulassen sind, erweitert werden muß. Das Mol ist als SI-Basiseinheit für die Stoffmenge einzuführen und die Wortlaute der Definition der SI-Basiseinheiten Ampere sowie Candela sind an die Fassungen der von der Generalkonferenz für Maß und Gewicht gegebenen Definitionen und damit an die Richtlinie anzugleichen. Hinzu kommen einige terminologische Anpassungen an die Richtlinie.

Die Gelegenheit dieser Gesetzesänderung soll dazu benutzt werden, den gesetzlichen Aufgabenbereich der Physikalisch-Technischen Bundesanstalt hinsichtlich der Temperaturskala und der Zeitskala zu ergänzen.

Notwendige Anpassungen an die Richtlinie hinsichtlich der abgeleiteten Einheiten werden durch eine Änderung der Ausführungsverordnung zum Gesetz über Einheiten im Meßwesen auf Grund der Ermächtigung in § 5 Abs. 1 des Gesetzes vorgenommen.

II. Einzelbegründungen

Artikel 1

Zu Nummer 1

§ 1 Abs. 1 ist durch die Einfügung „sowie Abkürzungen" zu ergänzen, weil bisher durch die Vorschrift, im geschäftlichen und amtlichen Verkehr für die gesetzlichen Einheiten die in den Rechtsvorschriften über Einheiten festgesetzten „Namen und Einheitenzeichen" zu verwenden, beispielsweise in der Ausführungsverordnung zum Gesetz für einige gesetzliche Einheiten festgesetzten Abkürzungen nicht erfaßt sind. Es handelt sich hierbei dabei um Abkürzungen für Einheiten, für die international keine Einheitenzeichen vereinbart worden sind, zum Beispiel „dpt" für die Einheit Dioptrie (§ 47) und „Kt" für die Einheit metrisches Karat (§ 49). Über Abkürzungen von Einheitennamen für die Anwendung im Bereich von Datenverarbeitungsanlagen siehe Begründung zu Artikel 1 Nr. 6. Zur Änderung des Wortes „Kurzzeichen" in „Einheitenzeichen" siehe Begründung zu Artikel 1 Nr. 2 und 7.

Nach § 1 Abs. 1 und 2 des Gesetzes sind Größen im geschäftlichen und amtlichen Verkehr in gesetzlichen Einheiten anzugeben. Das gilt nach Absatz 3 nicht, wenn der Verkehr von und nach dem Ausland stattfindet oder mit der Einfuhr oder Ausfuhr unmittelbar zusammenhängt. Künftig sind die gesetzlichen Einheiten auch im geschäftlichen und amtlichen Verkehr anzuwenden, der von und nach den anderen Mitgliedstaaten der Europäischen Gemeinschaften stattfindet oder mit der Einfuhr oder Ausfuhr nach einem anderen Mitgliedstaat unmittelbar zusammenhängt.

Es ist jedoch nicht möglich, § 1 Abs. 1 und 2 insoweit zu einem Zeitpunkt und für alle gesetzlichen Einheiten auf den Verkehr mit allen anderen Mitgliedstaaten zu erstrecken. Die Richtlinie sieht nämlich für eine Reihe von Einheiten Übergangsvorschriften vor, die vor ihrem Ablauf überprüft werden sollen und unter Umständen verlängert werden. Es ist beabsichtigt, den Staaten, die den Europäischen Gemeinschaften beitreten wollen und sich auf die neuen Einheiten erst umstellen müssen, erweiterte flexible Übergangsvorschriften einzuräumen. Um in diesen Fällen eine Anpassung durch laufende Änderung des Gesetzes zu vermeiden, soll der Bundesminister für Wirtschaft und Finanzen ermächtigt werden, den Anwendungsbereich des § 1 Abs. 3 durch Rechtsverordnung zu beschränken.

Zu Nummern 2 und 7

Das Wort „Kurzzeichen" ist ein Oberbegriff für verschiedene Arten von konventionellen Zeichen in der mathematischen und naturwissenschaftlichen Terminologie, die im allgemeinen als Verständigungsnormen international vereinbart sind. Zur Gewährleistung der Eindeutigkeit der physikalischen Terminologie und im gesetzlichen Meßwesen hat es sich als notwendig erwiesen, den verschiedenen Arten von Kurzzeichen besondere Benennungen zuzuordnen. So werden beispielsweise die Kurzzeichen für physikalische Größen in der deutschen Normung „Formelzeichen" benannt. Mit der Ausführungsverordnung zum Gesetz ist für die den Einheiten zugeordneten Kurzzeichen die Benennung „Einheitenzeichen" eingeführt worden. Das wird im Gesetz in den unter Nummer 2 aufgeführten Textstellen hiermit nachgeholt.

Den Kurzzeichen der Vorsätze nach § 6 des Gesetzes zur Bezeichnung von bestimmten dezimalen Vielfachen und Teilen von Einheiten wird die eindeutige Benennung „Vorsatzzeichen" zugeordnet. Das zusammengesetzte Einheitenzeichen eines mit einem Vorsatz bezeichneten dezimalen Vielfachen oder Teiles einer gesetzlichen Einheit setzt sich somit aus dem Vorsatzzeichen und dem Einheitenzeichen zusammen. Diese terminologische Eindeutigkeit der Benennungen „Einheitenzeichen" und „Vorsatzzeichen" wird vor allem im Unterrichtswesen die Einführung in den Umgang mit den gesetzlichen Einheiten erleichtern. Zugleich werden damit die in der Richtlinie festgesetzten Benennungen im Gesetz (§ 6) eingeführt.

Zu Nummer 3

Vielfache und Teile von Einheiten werden durch Zahlenwerte vor der Einheit dargestellt, z. B. 5 Meter (5 m) und 0,5 Ampere (0,5 A), ebenso dezimale Vielfache und Teile von Einheiten, z. B. 1000 Meter (1000 m) und 0,000 001 Ampere (0,000 001 A). Ihre Verwendung im gesetzlichen Meßwesen ist unumgänglich und bedarf keiner besonderen Zulassung im Gesetz.

Um einfache Zahlenwerte bei Größenangaben zu erhalten, können bestimmte dezimale Vielfache und Teile von Einheiten durch Vorsätze nach § 6 des Gestzes bezeichnet werden, z. B. 1 Kilometer (1 km) für 1000 Meter (1000 m) und 1 Mikroampere (1 µA) für 0,000 001 Ampere (0,000 001 A). Die besondere Zulassung nach § 2 Abs. 4 des Gesetzes als gesetzliche Einheiten darf sich deshalb nur auf „durch Vorsätze nach § 6 des Gesetzes bezeichnete" dezimale Vielfache und Teile von Einheiten erstrecken.

Zu Nummern 4 und 5

Die zweite Benennung „Kelvin-Temperatur" für die SI-Basisgröße thermodynamische Temperatur ist bei Erlaß des Gesetzes aus didaktischen Gründen mit aufgenommen worden, um dem damaligen Stand der deutschen Normen zu entsprechen. Inzwischen ist der Unterschied zwischen thermodynamischer Temperatur und Celsius-Temperatur bei den Benutzern der Normen hinreichend klargeworden, so daß die didaktischen Gründe entfallen und das Gesetz auch hinsichtlich dieser SI-Basisgröße formal mit der Richtlinie und der entsprechenden Resolution der Generalkonferenz für Maß und Gewicht in Übereinstimmung gebracht werden kann.

Die 14. Generalkonferenz für Maß und Gewicht (1971) hat mit ihrer Resolution 3 das Mol als Basiseinheit des Internationalen Einheitensystems (SI-Basiseinheit) für die Basisgröße Stoffmenge angenommen. Die Einheiten-Richtlinie der Europäischen Gemeinschaften führt das Mol bereits als SI-Basiseinheit auf. Nach einer Mitteilung des Internationalen Komitees für Maß und Gewicht rangiert das Mol als sechste Basiseinheit, gefolgt von der SI-Basiseinheit Candela für die Basisgröße Lichtstärke. Da das Mol zur Zeit des Erlasses des Gesetze noch nicht als SI-Basiseinheit angenommen war, wurde es in § 4 als atomphysikalische Einheit aufgenommen. Das Mol ist mit seiner Definition als sechste SI-Basiseinheit in § 3 aufzunehmen; § 4 ist entsprechend zu ändern. Die Definitionen der SI-Basiseinheiten Ampere und Candela werden jeweils der von der Generalkonferenz für Maß und Gewicht festgelegten Fassung angepaßt und damit in Übereinstimmung mit dem Wortlaut in der Richtlinie gebracht.

Zu Nummer 6

Die Ermächtigung in § 5 Abs. 1 wird umformuliert und durch den Satzteil „für besonders genannte Größen oder aus diesen ableitbare Größen" ergänzt. Die „besonders genannten Größen" bilden den bisherigen materiellen Inhalt der Ausführungsverordnung zum Einheitengesetz. Es sind dies aus den Basisgrößen nach § 3 des Gesetzes abgeleitete und im einzelnen in der Verordnung aufgeführte Größen, denen die mit Namen und Einheitenzeichen festgesetzten gesetzlichen abgeleiteten Einheiten zugeordnet sind.

Der so abgegrenzte Katalog an gesetzlichen Einheiten erfüllt in der Praxis nicht immer den gewünschten Zweck, weil im geschäftlichen und amtlichen Verkehr in nicht vorauszusehendem Umfang Einheiten für weitere Größen benötigt werden, für die bisher keine gesetzlichen Einheiten festgesetzt sind. Die Ermächtigung soll die Grundlage schaffen, um in allgemeiner Form auch Einheiten als gesetzliche Einheiten vorschreiben zu können, die nicht einzeln in der Ausführungsverordnung zum Einheitengesetz aufgeführt sind, aber sich aus den dort aufgeführten Einheiten ableiten lassen. Eine derartige generelle Zulassung von sogenannten zusammengesetzten Einheiten enthält auch die EWG-Richtlinie in ihrem Kapitel I Punkt 5 mit der auch für die Bundesrepublik zu übernehmenden Einschränkung, daß die Benutzung einiger dieser zusammengesetzten Einheiten — sofern sie keine abgeleiteten SI-Einheiten sind — gegebenenfalls später eingeschränkt oder verboten werden kann.

Die Ermächtigung in § 5 Abs. 2 wird auf die Festsetzung von Abkürzungen von Einheitennamen für bestimmte Anwendungen im Bereich der Datenverarbeitungsanlagen erweitert. Viele dieser Anlagen verfügen zur Zeit nur über einen beschränkten Zeichenvorrat, d. h. außer Sonderzeichen nur über Großbuchstaben oder Kleinbuchstaben des lateinischen Alphabets. Damit lassen sich die aus großen oder kleinen oder beiderlei lateinischen oder auch griechischen Buchstaben bestehenden gesetzlichen Einheitenzeichen und Vorsatzzeichen nicht immer darstellen. Von der Internationalen Normenorganisation (ISO) ist eine Empfehlung in Vorbereitung, die besondere, nur aus Großbuchstaben oder nur aus Kleinbuchstaben des lateinischen Alphabets bestehende Abkürzungen der Einheitennamen und der Vorsätze für die Verwendung in Datenverarbeitungsanlagen mit beschränktem Zeichenvorrat vorsieht.

Für den Fall, daß auch die anderen zuständigen internationalen Fachgremien (z. B. Generalkonferenz für Maß und Gewicht, Internationale Union für reine und angewandte Physik) dieser Empfehlung zustimmen werden oder die Annahme dieser Abkürzungen auf Grund einer Richtlinie des Rates der Europäischen Gemeinschaften erforderlich wird, soll zur Vermeidung einer dann notwendig werdenden Änderung des Gesetzes der Bundesminister für Wirtschaft und Finanzen bereits jetzt ermächtigt werden, Vorschriften über Abkürzungen von Einheitennamen für bestimmte Anwendungen im Bereich von Datenverarbeitungsanlagen durch Rechtsverordnung in Kraft zu setzen.

Zu Nummer 8

Durch § 7 Nr. 4 des Gesetzes hat die Physikalisch-Technische Bundesanstalt u. a. den Auftrag erhalten, die Verfahren bekanntzumachen, nach denen Temperaturskalen und Zeitskalen dargestellt werden. Sie ist aber bisher nicht mit deren Darstellung beauftragt.

Nach § 7 Nr. 1 gehört zum Zuständigkeitsbereich der Bundesanstalt die Darstellung der gesetzlichen Einheiten des Internationalen Einheitensystems der Meterkonvention. Zur Gewährleistung der Einheitlichkeit im Meßwesen kann somit auch die Darstellung von Skalen höchster Genauigkeit entsprechend den Definitionen der gesetzlichen Einheiten nur eine Aufgabe desselben Staatsinstituts sein und von dessen wissenschaftlichem und technischem Arbeitsbereich nicht ausgenommen werden. Die Physikalisch-Technische Bundesanstalt stellt deshalb bereits sowohl die Temperaturskala nach der Internationalen Praktischen Temperaturskala der Meterkonvention als auch die Zeitskala nach der Internationalen Atomzeitskala der Meterkonvention dar und verbreitet die Zeitskala über einen besonderen Sender. Die gesetzliche Zuständigkeit des Deutschen Hydrographischen Instituts für den Zeitdienst im Bereich der Seeschiffahrt (§ 4 Abs. 1 Nr. 3 i. V. m. § 1 Nr. 10 Buchstabe e des Gesetzes über die Aufgaben des Bundes auf dem Gebiet der Seeschiffahrt vom 24. Mai 1965 [Bundesgesetzbl. II S. 833]) wird durch diese Änderung nicht berührt.

Artikel 2

Die Lesbarkeit des Gesetzes soll gewährleistet bleiben.

Artikel 3

Der Artikel enthält die übliche Berlin-Klausel.

Artikel 4

Das Gesetz muß wegen Artikel 4 Abs. 1 der Einheiten-Richtlinie der Europäischen Gemeinschaften spätestens am 29. April 1973 in Kraft treten.

8.5 Verordnung zur Änderung der Ausführungsverordnung zum Gesetz über Einheiten im Meßwesen vom 27. November 1973

Auf Grund des § 5 Abs. 1 des Gesetzes über Einheiten im Meßwesen vom 2. Juli 1969 (Bundesgesetzbl. I S. 709), geändert durch das Gesetz zur Änderung des Gesetzes über Einheiten im Meßwesen vom 6. Juli 1973 (Bundesgesetzbl. I S. 720), verordnet die Bundesregierung mit Zustimmung des Bundesrates:

Artikel 1

Die Ausführungsverordnung zum Gesetz über Einheiten im Meßwesen vom 26. Juni 1970 (Bundesgesetzbl. I S. 981) wird wie folgt geändert:

1. § 1 Abs. 1 erhält folgende Fassung:

„(1) Gesetzliche abgeleitete Einheiten gemäß § 2 Nr. 3 des Gesetzes über Einheiten im Meßwesen sind

1. für Größen, die in dieser Verordnung genannt sind, die in dieser Verordnung mit Namen und Einheitenzeichen oder Abkürzung festgesetzten Einheiten,

2. für Größen, die aus den in dieser Verordnung sowie im Gesetz über Einheiten im Meßwesen genannten Größen ableitbar sind, die aus den Einheiten nach Nummer 1 sowie nach den §§ 3 und 4 des Gesetzes mit dem Zahlenfaktor 1 gebildeten zusammengesetzten Einheiten."

2. § 5 wird wie folgt geändert:

a) Absatz 2 wird wie folgt geändert:

aa) Nummer 2 wird gestrichen. Die bisherigen Nummern 3 bis 6 werden Nummern 2 bis 5.

bb) Die bisherige Nummer 3 Buchstabe a erhält folgende Fassung:

„a) der Grad (Einheitenzeichen: °) als 360ster Teil des Vollwinkels,".

cc) Die bisherige Nummer 6 Buchstabe a erhält folgende Fassung:

„a) das Gon (Einheitenzeichen: gon) als 400ster Teil des Vollwinkels,".

b) In Absatz 3 werden die Worte „Nummern 1 bis 5" durch die Worte „Nr. 1 bis 4" ersetzt.

3. In § 51 Abs. 2 Nr. 2 Buchstabe a und § 53 Nr. 1 werden die Worte „Nr. 6" durch die Worte „Nr. 5" ersetzt.

4. § 56 erhält folgende Fassung:

„Ordnungswidrig im Sinne des § 11 Abs. 1 Nr. 3 des Gesetzes über Einheiten im Meßwesen handelt, wer im geschäftlichen Verkehr zur Angabe von Größen, für die

1. in den §§ 3 bis 52 Einheiten festgesetzt sind (§ 1 Abs. 1 Nr. 1) oder

2. aus den Einheiten nach den §§ 3 bis 52 dieser Verordnung sowie den §§ 3 und 4 des Gesetzes mit dem Zahlenfaktor 1 zusammengesetzte Einheiten gebildet werden (§ 1 Abs. 1 Nr. 2),

nicht diese gesetzlichen abgeleiteten Einheiten verwendet.

Artikel 2

Diese Verordnung gilt nach § 14 des Dritten Überleitungsgesetzes vom 4. Januar 1952 (Bundesgesetzblatt I S. 1) in Verbindung mit § 14 Satz 2 des Gesetzes über Einheiten im Meßwesen auch im Land Berlin.

Artikel 3

Diese Verordnung tritt am Tage nach ihrer Verkündung in Kraft.*)

---

*) Im Rahmen der Arbeit des Gesetzgebers ist es üblich, daß Gesetzesvorlagen mit ausführlichen Begründungen versehen sind. Der endgültige Gesetzestext enthält diese Begründungen nicht mehr. Da die Begründungen aber inhaltlich interessant und informativ sind, wird ihr Text hier mit abgedruckt.

Bonn, den 27. November 1973

Der Bundeskanzler
Brandt

Der Bundesminister für Wirtschaft
Friderichs

Begründung

I. Allgemeines

Der Rat der Europäischen Gemeinschaften hat am 18. Oktober 1971 eine Richtlinie zur Angleichung der Rechtsvorschriften der Mitgliedstaaten über die Einheiten im Meßwesen erlassen (Amtsblatt der Europäischen Gemeinschaften vom 29. Oktober 1971 Nr. L 243 S. 29). Die Mitgliedstaaten sind verpflichtet, die erforderlichen Rechts- und Verwaltungsvorschriften zu erlassen, um ihr nationales Recht an die Richtlinie anzupassen.

Die Ausführungsverordnung zum Gesetz über Einheiten im Meßwesen ist zu ändern, weil nach § 5 Abs. 1 des Gesetzes über Einheiten im Meßwesen in der Fassung des Gesetzes zur Änderung des Gesetzes über Einheiten im Meßwesen vom .... (Bundesgesetzbl. I S. 000) in Übereinstimmung mit der EWG-Richtlinie auch abgeleitete Einheiten für „aus besonders genannten Größen ableitbare Größen" als gesetzliche Einheiten zuzulassen sind. Der rechte Winkel ist aus dem Katalog der gesetzlichen Einheiten zu streichen. Die Änderung der Reihenfolge der in der Ausführungsverordnung festgesetzten abgeleiteten Einheiten folgt aus der Festsetzung des Mol als die sechste der sieben SI-Basiseinheiten in § 3 Abs. 2 des Gesetzes über Einheiten im Meßwesen in der Fassung des Änderungsgesetzes.

II. Einzelbegründungen

Artikel 1

Zu Nummer 1

§ 1 Abs. 1 wird neu gefaßt und in zwei Nummern aufgeteilt. Die Größen nach neuer Nummer 1 bilden den Rahmen des bisherigen materiellen Inhalts der Ausführungsverordnung. Der so abgegrenzte Katalog an gesetzlichen abgeleiteten Einheiten erfüllt in der Praxis nicht immer den gewünschten Zweck, weil im geschäftlichen und amtlichen Verkehr in nicht vorauszusehendem Umfang abgeleitete Einheiten für weitere Größen benötigt werden.

Mit der neuen Nummer 2 werden auf der Grundlage der Ermächtigung in § 5 Abs. 1 des Einheitengesetzes in der Fassung des Änderungsgesetzes in allgemeiner Form auch alle abgeleiteten Einheiten als gesetzliche Einheiten zugelassen, die als Produkte oder Quotienten aus im Einheitengesetz oder in der Ausführungsverordnung festgesetzten Einheiten mit dem Zahlenfaktor 1 gebildet werden können. Beispiele sind:

a) für die Lichtmenge das Produkt aus der Lichtstromeinheit Lumen nach § 38 (alter Numerierung) Ausführungsverordnung und aus der Zeiteinheit nach § 3 Einheitengesetz:

die *Lumensekunde* (Einheitenzeichen: lm·s);

b) für die *spezifische Aktivität* einer radioaktiven Substanz der Quotient aus der Aktivitätseinheit Curie nach § 51 Abs. 2 Nr. 10 und aus der Masseneinheit Gramm nach § 7 Abs. 1 Ausführungsverordnung: das *Curie durch Gramm* (Einheitenzeichen: Ci/g);

c) für die *Schallstärke* oder die *Bestrahlungsstärke* der Quotient aus der Leistungseinheit Watt nach § 24 und aus der Flächeneinheit Quadratmeter nach § 3 Ausführungsverordnung

das *Watt durch Quadratmeter* (Einheitenzeichen: W/m²).

Diese generelle Zulassung von sogenannten zusammengesetzten Einheiten erfolgt in Übereinstimmung mit der Vorschrift nach Kapitel I Punkt 5 der EWG-Richtlinie.

Zu Nummer 2 und 4

Im Zuge der Anpassung der Ausführungsverordnung an die Vorschriften der EWG-Richtlinie wird § 5 Abs. 2 Nummer 2 gestrichen. Durch den Fortfall des rechten Winkels oder Rechten als gesetzliche Einheit des ebenen Winkels sind der Grad (§ 5 Abs. 2 Nr. 3 Buchstabe) und das Gon (§ 5 Abs. 2 Nr. 6 Buchstabe a) nunmehr mit ihrer Beziehung zum Vollwinkel zu erläutern. Der besonders in der Mathematik gebräuchliche rechte Winkel oder Rechte ist im geschäftlichen Verkehr mit 90 Grad (90°) anzugeben.

Zu Nummer 3

Die Umstellung der §§ 37 bis 46 der Ausführungsverordnung berücksichtigt die vom

162

Internationalen Komitee für Maß und Gewicht empfohlene Reihenfolge der SI-Basiseinheiten, nach der das Mol die sechste und die Candela die siebente SI-Basiseinheit sind. Diese Reihenfolge ist durch das Gesetz zur Änderung des Gesetzes über Einheiten im Meßwesen auch in § 3 dieses Gesetzes eingeführt worden.

Zu Nummer 4

Die Änderung von § 56 über die Ordnungswidrigkeiten folgt aus der Änderung von § 1 Abs. 1.

Zu Artikel 2

Die Lesbarkeit der Ausführungsverordnung soll gewährleistet bleiben.

Zu Artikel 3

Der Artikel enthält die übliche Berlinklausel.

Zu Artikel 4

Die Verordnung muß wegen Artikel 4 Abs. 1 der Einheitenrichtlinie der Europäischen Gemeinschaften so schnell wie möglich in Kraft treten.

8.6 Richtlinie des Rates vom 27. Juli 1976 zur Änderung der Richtlinie 71/354/EWG zur Angleichung der Rechtsvorschriften der Mitgliedstaaten über die Einheiten im Meßwesen (Titelseite)

(76/770/EWG)

DER RAT DER EUROPÄISCHEN GEMEINSCHAFTEN —

gestützt auf den Vertrag zur Gründung der Europäischen Wirtschaftsgemeinschaft, insbesondere auf Artikel 100,

gestützt auf die Beitrittsakte, insbesondere auf Artikel 29,

gestützt auf die Richtlinie 71/354/EWG des Rates vom 18. Oktober 1971 zur Angleichung der Rechtsvorschriften der Mitgliedstaaten über die Einheiten im Meßwesen ([1]), geändert durch die Beitrittsakte, insbesondere Artikel 1 Absatz 4,

auf Vorschlag der Kommission,

nach Stellungnahme des Europäischen Parlaments ([2]),

nach Stellungnahme des Wirtschafts- und Sozialausschusses ([3]),

in Erwägung nachstehender Gründe:

Die Beitrittsakte sieht vor, daß über die Einordnung der in Anhang II der Richtlinie 71/354/EWG aufgeführten Einheiten im Meßwesen in Anhang I dieser Richtlinie bis zum 31. August 1976 zu entscheiden ist.

Im Rahmen der Anwendung der Richtlinie 71/354/EWG ist vorgesehen, die Zulassung der in Kapitel II des Anhangs I dieser Richtlinie genannten Einheiten und Einheitennamen spätestens bis zum 31. Dezember 1977 erneut zu prüfen.

([1]) ABl. Nr. L 243 vom 29. 10. 1971, S. 29.
([2]) ABl. Nr. C 125 vom 8. 6. 1976, S. 9.
([3]) ABl. Nr. C 131 vom 12. 6. 1976, S. 55.

Die fünfzehnte Generalkonferenz für Maß und Gewicht (CGPM), die auf Einberufung durch das Internationale Komitee für Maß und Gewicht (CIPM) am 27. Mai 1975 in Paris zusammengetreten ist, hat neue Resolutionen auf dem Gebiet des Internationalen Einheitensystems angenommen —

HAT FOLGENDE RICHTLINIE ERLASSEN:

Artikel 1

Artikel 1 der Richtlinie 71/354/EWG erhält folgende Fassung:

„*Artikel 1*

(1) Die Mitgliedstaaten führen spätestens am 21. April 1978 den Zwang zur Anwendung der Vorschriften von Kapitel A des Anhangs ein.

(2) Die Mitgliedstaaten untersagen die Verwendung der in Kapitel B des Anhangs aufgeführten Einheiten im Meßwesen spätestens zum 31. Dezember 1977.

(3) Die Mitgliedstaaten untersagen die Verwendung der in Kapitel C des Anhangs aufgeführten Einheiten im Meßwesen spätestens zum 31. Dezember 1979.

(4) Die weitere Verwendung der in Kapitel D des Anhangs wiedergegebenen Einheiten, Einheitennamen und Einheitenzeichen wird vor dem 31. Dezember 1979 geprüft.

(5) Der Anwendungszwang für die vorübergehend unter den Voraussetzungen der Kapitel B, C und D des Anhangs beibe-

haltenen Einheiten im Meßwesen darf nicht von Mitgliedstaaten eingeführt werden, in denen diese Einheiten nicht am 21. April 1973 zugelassen sind."

Artikel 2

In die Richtlinie 71/354/EWG wird folgender Artikel eingefügt:

„*Artikel 2 a*

Die Mitgliedstaaten können die Verwendung von Waren, Ausrüstungen und Geräten, die nach dieser Richtlinie unzulässige Größenangaben tragen und die bereits vor den in dieser Richtlinie vorgesehenen Daten in den Verkehr gebracht worden sind, sowie die Herstellung, das Inverkehrbringen und die Verwendung von Waren und Ausrüstungen, die erforderlich sind, um Teile dieser Waren, Ausrüstungen und Geräte zu ergänzen oder zu ersetzen, gestatten."

Artikel 3

Die Anhänge I und II der Richtlinie 71/354/EWG werden durch den Anhang zu dieser Richtlinie ersetzt.

Artikel 4

(1) Die Mitgliedstaaten setzen die erforderlichen Rechts- und Verwaltungsvorschriften in Kraft, um dieser Richtlinie spätestens am 31. Dezember 1977 nachzukommen. Sie setzen die Kommission unverzüglich davon in Kenntnis.

(2) Die Mitgliedstaaten teilen der Kommission den Wortlaut der wichtigsten innerstaatlichen Rechtsvorschriften mit, die sie auf dem unter diese Richtlinie fallenden Gebiet erlassen.

Artikel 5

Diese Richtlinie ist an die Mitgliedstaaten gerichtet.

Geschehen zu Brüssel am 27. Juli 1976.

*Im Namen des Rates
Der Präsident
M. van der STOEL*

8.7 Zweite Verordnung zur Änderung der Ausführungsverordnung zum Gesetz über Einheiten im Meßwesen vom 12. Dezember 1977

Auf Grund des § 5 Abs. 1 des Gesetzes über Einheiten im Meßwesen vom 2. Juli 1969 (BGBl. I S. 709), geändert durch das Gesetz zur Änderung des Gesetzes über Einheiten im Meßwesen vom 6. Juli 1973 (BGBl. I S. 720), und auf Grund der §§ 10 bis 12 und 54 Abs. 1 Satz 1 und 2, Abs. 2 Satz 1 des Atomgesetzes in der Fassung der Bekanntmachung vom 31. Oktober 1976 (BGBl. I S. 3053) wird von der Bundesregierung sowie auf Grund der §§ 10, 54 Abs. 1 Satz 3, Abs. 2 Satz 1 dieses Gesetzes vom Bundesminister des Innern mit Zustimmung des Bundesrates verordnet:

Artikel 1

Die Ausführungsverordnung zum Gesetz über Einheiten im Meßwesen vom 26. Juni 1970 (BGBl. I S. 981), geändert durch die Verordnung zur Änderung der Ausführungsverordnung zum Gesetz über Einheiten im Meßwesen vom 27. November 1973 (BGBl. I S. 1761), wird wie folgt geändert:

1. Die §§ 40 bis 42 erhalten folgende Fassung:

„§ 40

Aktivität einer radioaktiven Substanz

(1) Die abgeleitete SI-Einheit der Aktivität einer radioaktiven Substanz ist das Becquerel (Einheitenzeichen: Bq).

(2) 1 Becquerel ist gleich der Aktivität einer Menge eines radioaktiven Nuklids, in der Quotient aus dem statistischen Erwartungswert für die Anzahl der Umwandlungen oder isomeren Übergänge und der Zeitspanne, in der diese Umwandlungen oder Übergänge stattfinden, dem Grenzwert 1/s bei abnehmender Zeitspanne zustrebt.

§ 41

Energiedosis, Äquivalentdosis

(1) 1. Die abgeleitete SI-Einheit der Energiedosis ist das Gray (Einheitenzeichen: Gy).

2. 1 Gray ist gleich der Energiedosis, die bei der Übertragung der Energie 1 J auf homogene Materie der Masse 1 kg durch ionisierende Strahlung einer räumlich konstanten spektralen Energiefluenz entsteht.

(2) Abgeleitete Einheiten der Energiedosis sind auch alle Quotienten, die aus einer gesetzlichen Energieeinheit und einer gesetzlichen Masseneinheit gebildet werden.

(3) Die abgeleitete SI-Einheit der Äquivalentdosis im Sinne eines für Strahlenschutzzwecke verwendeten Produktes aus der Energiedosis und einem dimensionslosen

Bewertungsfaktor ist das Joule durch Kilogramm (Einheitenzeichen: J/kg).

(4) Abgeleitete Einheiten der Äquivalentdosis sind auch alle anderen Quotienten, die aus einer gesetzlichen Energieeinheit und einer gesetzlichen Masseneinheit gebildet werden.

§ 42

Energiedosisrate, Energiedosisleistung Äquivalentdosisrate, Äquivalentdosisleistung

(1) 1. Die abgeleitete SI-Einheit der Energiedosisrate oder -leistung ist das Gray durch Sekunde (Einheitenzeichen: Gy/s).

2. 1 Gray durch Sekunde ist gleich der Energiedosisrate oder -leistung, bei der durch eine ionisierende Strahlung zeitlich unveränderlicher Energieflußdichte die Energiedosis 1 Gy während der Zeit 1 s entsteht.

(2) Abgeleitete Einheiten der Energiedosisrate oder -leistung sind auch alle anderen Quotienten, die aus einer gesetzlichen Einheit der Energiedosis und einer gesetzlichen Zeiteinheit gebildet werden.

(3) Die abgeleitete SI-Einheit der Äquivalentdosisrate oder -leistung ist das Watt durch Kilogramm (Einheitenzeichen: W/kg).

(4) Abgeleitete Einheiten der Äquivalentdosisrate oder -leistung sind auch alle anderen Quotienten, die aus einer gesetzlichen Einheit der Äquivalentdosis und einer gesetzlichen Zeiteinheit gebildet werden."

2. § 51 wird wie folgt geändert:

a) In Absatz 2 werden die Nummern 10 bis 12 gestrichen.

b) Nach Absatz 2 wird folgender Absatz 3 angefügt:

„(3) Bis zum 31. Dezember 1985 dürfen auch die folgenden abgeleiteten Einheiten verwendet werden:

1. für die Aktivität einer radioaktiven Substanz

a) das Curie (Einheitenzeichen: Ci) als besonderer Name für das Siebenunddreißigfache des Gigabecquerel (Einheitenzeichen: BGq),

b) 1 Curie ist gleich 37 000 000 000 Bq;

2. für die Energie- oder Äquivalentdosis

a) aa) das Rad (Einheitenzeichen: rd) als besonderer Name für das Zentigray (Einheitenzeichen: cGy),

bb) 1 Rad ist gleich $\frac{1}{100}$ Gy;

b) aa) das Rem (Einheitenzeichen: rem) bei der Angabe von Werten der Äquivalentdosis als besonderer Name für das Zentijoule durch Kilogramm (Einheitenzeichen: cJ/kg),

bb) 1 Rem ist gleich $\frac{1}{100}$ J/kg;

3. für die Ionendosis

a) das Röntgen (Einheitenzeichen: R) als besonderer Name für das Zweihundertachtundfünfzigfache des Mikrocoulomb durch Kilogramm (Einheitenzeichen: µC/kg),

b) 1 Röntgen ist gleich $\frac{258}{1\,000\,000}$ C/kg."

3. Nach § 52 Abs. 2 wird folgender Absatz 3 angefügt:

„(3) Bis zum 31. Dezember 1979 darf auch die folgende abgeleitete Einheit verwendet werden:

für den Blutdruck

a) die konventionelle Millimeter-Quecksilbersäule (Einheitenzeichen: mmHg),

b) 1 mmHg ist gleich 133,322 Pa."

Artikel 2

In der Strahlenschutzverordnung vom 13. Oktober 1976 (BGBl. I S. 2905; 1977 I S. 184, 269) wird die abgeleitete SI-Einheit „reziproke Sekunde" (Einheitenzeichen: s^{-1}) der Aktivität einer radioaktiven Substanz jeweils durch die abgeleitete SI-Einheit „Becquerel" (Einheitenzeichen: Bq) ersetzt.

Artikel 3

Diese Verordnung gilt nach § 14 des Dritten Überleitungsgesetzes in Verbindung mit § 14 des Gesetzes über Einheiten im Meßwesen und § 58 des Atomgesetzes auch im Land Berlin.

Artikel 4

Diese Verordnung tritt am 1. Januar 1978 in Kraft.

Bonn, den 12. Dezember 1977

Der Bundeskanzler
Schmidt

Der Bundesminister für Wirtschaft
Lambsdorff

Der Bundesminister des Innern
Maihofer

Begründung

I. Allgemeines:

Am 27.7.1976 hat der Rat der Europäischen Gemeinschaften eine Richtlinie zur Änderung der Richtlinie über Einheiten im Meßwesen (ABl. der EG Nr. L 262/204 vom 27.9.1976) angenommen. Mit ihr wird die Richtlinie vom 18.10.1971 (ABl. der EG Nr. L 243/29 vom 29.10.1971) geändert. Die Änderung war aus mehreren Gründen notwendig. Einmal gab es in der Richtlinie von 1971 einige Einheiten, deren weitere Verwendung vor dem 31.12.1977 geprüft werden sollte; zum anderen mußte nach dem Vertrag über den Beitritt des Königreiches Dänemark, Irlands, des Königreiches Norwegen und des Vereinigten Königreiches Großbritannien und Nordirland zu den Europäischen Gemeinschaften über die Einordnung der angelsächsischen Einheiten im Anhang I der Richtlinie entschieden werden. Weiterhin berücksichtigt die neue Richtlinie die Beschlüsse der 15. Generalkonferenz für Maß und Gewicht (1975).

Die Mitgliedstaaten sind verpflichtet, die erforderlichen Rechts- und Verwaltungsvorschriften bis zum 31.12.1977 zu erlassen, um der Richtlinie nachzukommen. Diesem Ziel dient die vorliegende Verordnung.

II. Einzelbegründung:

Artikel 1

Zu Nummer 1:

Die 15. Generalkonferenz für Maß und Gewicht hat in Resolution 8 den besonderen Namen Becquerel für die SI-Einheit der Aktivität angenommen. Durch die Änderung von § 40 wird das Becquerel als Einheit der Aktivität festgesetzt. Der bisher verwendete Name für die SI-Einheit der Aktivität „reziproke Sekunde" soll in Zukunft nicht mehr verwendet werden. Weil nämlich zur Bezeichnung von dezimalen Vielfachen der reziproken Sekunde die SI-Vorsätze für die dezimalen Teile verwendet werden müßten, könnten sich für die Praxis Verwechslungsmöglichkeiten ergeben.

Mit Resolution 9 hat die 15. Generalkonferenz für Maß und Gewicht das Gray als besonderen Namen für das Joule durch Kilogramm für den Bereich der ionisierenden Strahlen angenommen und in einer Anmerkung festgestellt, daß das Gray die Einheit der Energiedosis ist. In der neuen Fassung des § 41 wird das Gray als Einheit der Energiedosis eingeführt. Die Einheiten der Äquivalentdosis bleiben unverändert.

Die gleichen Überlegungen gelten für die Neuformulierung des § 42. Als abgeleitete SI-Einheit der Energiedosisrate wird das Gray durch Sekunde eingeführt. Die Einheiten der Äquivalentdosisrate werden nicht geändert.

Zu Nummer 2:

Um die Einführung der neuen Namen für die SI-Einheiten der Aktivität und der Energiedosis zu erleichtern, wird die Übergangsfrist für die bisherigen radiologischen Einheiten verlängert. Die International Commission on Radiological Units and Measurements (ICRU) hat für die drei radiologischen Einheiten Curie, Röntgen und Rad eine Übergangsfrist von 10 Jahren gefordert. Die Frist von 10 Jahren sollte mit der Annahme der Einheitennamen Becquerel und Gray durch die 15. Generalkonferenz für Maß und Gewicht (1975) beginnen. Der Entwurf sieht die Verlängerung der Übergangsfrist auch für die Einheit Rem vor, obwohl von der ICRU zu dieser Einheit bisher keine Aussage gemacht wurde.

Zu Nummer 3:

Die Zulassung der konventionellen Millimeter-Quecksilbersäule für Angaben des Blutdruckes wird im Interesse einer weltweit einheitlichen Umstellung zunächst bis zum 31.12.1979 verlängert. Die Fristverlängerung wurde durch eine entsprechende Änderung der Einheitenrichtlinie ermöglicht.

Artikel 2

Der bisher verwendete Name für die SI-Einheit der Aktivität „reziproke Sekunde", der mit der Änderung von § 40 der Ausführungsverordnung zum Gesetz über Einheiten im Meßwesen durch das Becquerel ersetzt wurde (vgl. Art. 1 Nr. 1), ist auch in der Strahlenschutzverordnung enthalten. Die Strahlenschutzverordnung wird deshalb gleichfalls geändert.

Artikel 3

Der Artikel enthält die übliche Berlin-Klausel.

Artikel 4

Da durch die Verordnung einige am 31.12.1977 auslaufende Übergangsfristen verlängert werden, muß sie spätestens zum 1.1.1978 in Kraft treten.

9 Schrifttum

[1] Gesetz über Einheiten im Meßwesen vom 2. Juli 1969. Bundesgesetzblatt, Teil I, Nr. 55 vom 5. Juli 1969, Seite 709...712. Gesetz zur Änderung des Gesetzes über Einheiten im Meßwesen vom 6. Juli 1973.

[2] Ausführungsverodnung zum Gesetz über Einheiten im Meßwesen vom 26. Juni 1970. Bundesgesetzblatt, Nr. 62 vom 30. Juni 1970, Seite 981...991. Verordnung zur Änderung der Ausführungsverordnung zum Gesetz über Einheiten im Meßwesen vom 27. November 1973.

[3] STRECKER, A.: Eichgesetz, Einheitengesetz, Kommentar. Deutscher Eichverlag GmbH, Braunschweig 1971.

[4] Richtlinie des Rates vom 18. Oktober 1971 zur Angleichung der Rechtsvorschriften der Mitgliedstaaten über die Einheiten im Meßwesen (Amtsblatt der Europäischen Gemeinschaften Nr. L 243/29 vom 29. 10. 1971).

[5] HOFFMANN, F.: Gewicht und Masse. Z. techn. Physik 15 (1934) Nr. 2, Seite 49 ...51.

[6] FLEGLER, E.: Beispiele für zugeschnittene Größengleichungen. Z. VDI, Bd. 94 (1952), Nr. 31, Seite 1009...1012.

[7] STILLE, U.: Messen und Rechnen in der Physik. Verlag Vieweg, Braunschweig 1955.

[8] DIN 1313: Physikalische Größen und Gleichungen; Begriffe, Schreibweisen. Ausgabe Mai 1978.

[9] HAHNEMANN, H. W.: Die Umstellung auf das Internationale Einheitensystem in Mechanik und Wärmetechnik. VDI-Verlag, Düsseldorf 1964.

[10] Symbole, Einheiten und Nomenklatur in der Physik (Deutsche Ausgabe von: Symbols, Units and Nomenclature in Physics. Document U.I.P. 11 (S.U.N. 65-3). Verlag Friedr. Vieweg u. Sohn, Braunschweig 1965.

[11] Regeln und Leitsätze für Buchstabensymbole und Zeichen. Schweizerischer Elektrotechnischer Verein (SEV), Fachkollegium 25, 5. Auflage, Zürich, Dezember 1966.

[12] SACKLOWSKI, A.: Kleines Lexikon, Einheiten in Physik und Technik. Deutsche Verlagsanstalt, Stuttgart 1973.

[13] WENINGER, J.: Einheiten, Größen und Skalenwerte. Untersuchungen über die Grundbegriffe der Raum-, Zeit- und Wärmelehre. Mitteilung aus dem Institut für die Pädagogik der Naturwissenschaften an der Universität Kiel. O. Salle Verlag, Frankfurt/Hamburg 1968.

[14] LEINER, G.: Das Gesetz über Einheiten im Meßwesen und seine Ausführungsverordnung. ETZ-B, Bd. 23 (1971) Heft 9, Seite 207...211.

[15] DIN 1301: Einheiten, Teil 1 und Teil 2, Ausgabe Februar 1978.

[16] FLEGLER, E.: Die gesetzlichen Einheiten im Meßwesen. ETZ-A, Bd. 92 (1971) Heft 6, Seite 329...336.

[17] LUDWIG, N.: Die Einführung der neuen metrischen Einheiten in die Praxis. DIN-Mitteilungen, Bd. 50 (1971) Heft 10, Seite 423...430.

[18] DIN-Taschenbuch 22: Normen für Größen und Einheiten in Naturwissenschaft und Technik (AEF-Taschenbuch). Beuth-Vertrieb GmbH., 5. Auflage, Berlin 1978.

[19] HAEDER, W. — GÄRTNER, E.: Die gesetzlichen Einheiten in der Technik. Beuth-Vertrieb GmbH, 3. Auflage, Berlin 1972.

[20] WINTER, F. W.: Technische Wärmelehre. Verlag W. Girardet, 9. Auflage, Essen 1975.

[21] HAEDER, W.: Normung der Schreibweise bei der Angabe von Temperaturdifferenzen tut not. DIN-Mitteilungen, Bd. 52 (1973), Heft 1, Seite 7...9.

[22] INTERNATIONAL STANDARD ISO 1000: SI units and recommendations for the use of their multiples and of certain other units. First edition — 1973-02-01.

[23] WENINGER, J.: Gewicht; Kraft oder Masse? Zu den Bestrebungen, dem Fachwort „Gewicht" die Bedeutung einer Masse zuzuordnen. Physikalische Blätter, 29. Jahrg., März 1973, Heft 3, Seite 135...138.

[24] Gesetz zur Änderung des Gesetzes über Einheiten im Meßwesen vom 6. Juli 1973.

[25] Richtlinie des Rates der Europäischen Gemeinschaften vom 27. Juli 1976.

[26] Zweite Verordnung zur Änderung der Ausführungsverordnung zum Gesetz über Einheiten im Meßwesen vom 12. Dezember 1977.

[27] WINTER, F. W.: Die neuen Einheiten in der Kraftwerkstechnik. Haus der Technik, Vortragsveröffentlichung, Vulkan-Verlag, Essen 1975.

[28] DIN 1304: Allgemeine Formelzeichen, Ausgabe Februar 1978.

[29] SI Das Internationale Einheitensystem; Herausgeber: Amt für Standardisierung, Meßwesen und Warenprüfung, Deutsche Demokratische Republik, Bundesamt für Eich- und Vermessungswesen, Österreich, Eidgenössisches Amt für Maß und Gewicht, Schweiz, Physikalisch-Technische Bundesanstalt, Bundesrepublik Deutschland; Friedr. Vieweg & Sohn, Braunschweig, 1977.

Stichwortverzeichnis

A
A 27, 63, 100, 142
Å 82
a (Ar) 70
a (Atto) 39
a (Jahr) 125
absolute Temperatur 108
absoluter Druck 54, 55
Äquivalentdosis 67
Äquivalentdosisleistung 68
Äquivalentdosisrate 68
A h 65
A/kg 79
Aktivität einer radioaktiven Substanz 45, 150, 163
A/m 89, 151
Ampere 27, 63, 100, 142
Ampere durch Kilogramm 79, 151
Ampere durch Meter 89, 150
Amperesekunde 65, 149
Amperestunde 65
Ångström 82
Apostilb 86
Ar 70
Arbeit 46, 130, 148
A s 65, 149
asb 86
Astron 82
at 53, 54, 128
ata 53, 54
atm 53, 54
Atmosphäre, physikalische 53, 128
Atmosphäre, technische 53, 128
atomare Masseneinheit 28, 92
Atto 39
atü 53, 54
Ausführungsverordnung 22, 25, 26
Avogadro-Gesetz 104

B
b 70
Bar 32, 53, 148
bar 32, 53, 148
Barn 70
Basiseinheiten 27, 29, 99, 100
Basisgrößen 27, 29, 99, 100
Becquerel 45, 165
Beleuchtungsstärke 47, 131
Beschleunigung 48, 147

Biegemoment 98, 141
Biegespannung 98, 141
Biot 63
Blutdruck 53, 166
Bq 45, 165
Brennwert 49
BTU 132
BTU/ft^2 132
BTU/in^2 132
bu (bushel) 132

C
C 65, 149
c 39
cal 117, 130
Candela 14, 22, 87, 99, 100, 142
Candela durch Quadratmeter 86, 150
cbm 114
ccm 114
cd 14, 22, 87, 99, 100, 142
cd/m^2 86, 150
cd sr 88
Celsius-Temperatur 108, 110, 150
CGS-System 15
Ci 45, 153, 164
C/kg 78, 151
Clausius 69
cm^2 70
C/m^2 59, 149
Coulomb 65, 149
Coulomb durch Kilogramm 78, 151
Coulomb durch Quadratmeter 59, 149
cu ft (bubic foot) 132
cu in (cubic inch) 132
cu yd (cubic yard) 132
Curie 45, 153, 164

D
d (dezi) 39
d (Tag) 125
da 39
Dalton 92
Dauer 125
Dehnung 29, 50, 133
Dehnungsmeßstreifen 50, 133
Deka 39
DMS 50, 133
den 95
Denier 95
Dez 121

169

Dezi 39
Dichte 51, 115, 135, 147
Dimension 12, 75
Dioptrie 83
dm^3 114
Doppelzentner 92
dpt 83
Drehmoment 98, 139
Drehzahl 52
Druck 53, 128, 148
Dyn 46, 66, 80
dyn 46, 66, 80
dynamische Viskosität 112

E

E (Exa) 39
ebener Winkel 121
Einheit 31, 56
Einheitengesetz 22, 26, 142
Einheitengleichung 38, 76
elektrische Feldstärke 58, 149
elektrische Flußdichte 59, 149
elektrische Kapazität 60, 149
elektrische Ladung 65, 149
elektrische Potentialdifferenz 62, 149
elektrische Spannung 62, 149
elektrische Stromstärke 63, 142
elektrischer Leitwert 61, 149
elektrischer Widerstand 64, 149
Elektrizitätsmenge 65, 149
Elektronvolt 28, 66
Eman 45
Energie 66, 130
Energiedosis 66, 150
Energiedosisleistung 68, 150
Energiedosisrate 68, 150
Energiestrom 85, 136, 148
Englergrad 113
Entropie 69, 103
Erg 46, 66, 85, 98, 152
erg 46, 66, 85, 98, 152
eV 28, 66

F

F 60
f 39
Faden 82
Fallbeschleunigung 48, 73, 80
Farad 60
Feldstärke, elektrische 58, 149
Feldstärke, magnetische 89, 150

Femto 39
Fermi 82
Festigkeit 101, 129
Festmeter 114
Fläche 70, 146
flächenbezogene Masse 94, 146
Fluß, magnetischer 90, 149
Flußdichte, elektrische 59, 149
Flußdichte, magnetische 91, 149
Fr 65
Franklin 65
Frequenz 71
Fristen 126
ft (foot) 132
ft lb wt 132
ft lb wt/s 132
Fuß 82

G

G (Gauß) 91
G (Giga) 39
g 48
γ 92
gal (gallon) 132
Gal 48
Gamma 91, 92
Gaskonstante 103
Gauß 91
Geschwindigkeit 41, 72
gesetzliche Einheiten 27
Gewicht 73
Gewichtskraft 73, 93
Giga 39
Giorgi 16
Gleichungen 35
g/km 95
g/mol 97
Grad (Temp.) 108, 110
Grad (Winkel) 121
Grad Celsius 108
Grad Fahrenheit 108
Grad Kelvin 108
Grad Rankine 108
Gramm 92
Gray 67, 165
grd 110
Größe 31, 74, 75
Größengleichung 35, 76
Gon 121
gon 121
Gs 91
Gy 67, 165

H

H 77
h (Hekto) 39
h (Stunde) 125
ha 70
Hefnerkerze 87
Heizwert 49
Hektar 70
Hekto 39
Henry 77
Hertz 71
HK 87
hm³ 42
Hyl 92
hyl 92
Hyle 92
Hz 71

I

Impuls 43
in (inch) 132
Induktion 91
Induktivität 77, 153
Internationales Einheitensystem 22, 99, 100
Ionendosis 78, 153
Ionendosisleistung 79, 151
Ionendosisrate 79, 151

J

J 46, 66, 117
Jahr 125
Jahrestonne 96
J/K 69, 118
J/kg 67, 103, 118
J/(kg K) 103
Joule 46, 66, 117, 148
Joule durch Kelvin 69, 118
Joule durch Kilogramm 67, 103, 118
J/s 85

K

K (Kelvin) 108
K (Kerze) 87
k 39
Kalorie 117
Kapazität, elektrische 60, 149
Karat, metrisches 92
Kayser 83
kcal 117
Kelvin 22, 108
Kelvin-Temperatur 108
Kerze 87
kg 92
kgf 18
kg/kmol 97, 106
kg/m 95
kg/m² 94
kg/m³ 51
kg/mol 97, 106
kg m/s² 44, 80
kg m²/s² 46, 66, 117
kg/s 96
kg/(s m) 112
Kilo 39
Kilogramm 27, 40, 92
Kilogramm durch Kubikmeter 51
Kilogramm durch Meter 95
Kilogramm durch Mol 97, 106
Kilogramm durch Quadratmeter 92
Kilogramm durch Sekunde 96
kilogramme-force 18
Kilogramm-Quadratmeter 94
Kilokalorie 117, 130
Kilometer duch Stunde 72
Kilopond 18, 80
Kilopondmeter 46, 98
Kilowattstunde 46
kinematische Viskosität 113
km/h 72
kN 80
kN/m² 53
Knoten 72
knoventionelle Meter-Wassersäule 53, 129
konventionelle Millimeter-Quecksilbersäule 53, 129
kp 18, 80
Kraft 80
Kreisfrequenz 81
Kubikhektometer 42, 114
Kubikmeter 114
Kubikmeter durch Kilogramm 115
Kubikmeter durch Sekunde 116
Kt 92
kWh 46

L

l (Liter) 82
λ (Lambda) 114
Ladung. elektrische 65, 149
Länge 82, 141

171

Länge, reziproke 83
Längenangaben, satztechnische 82
Längen-Ausdehnungs-Koeffizient 84
längenbezogene Masse 95, 146
Lambda 114
Lambert 86
lb (pound) 132
lb. wt./ft² 132
lb. wt./in² 132
Leistung 85, 130, 148
Leitwert, elektrischer 61, 149
Leitwert, magnetischer 77
Leuchtdichte 86, 150
Lichtmenge 29, 131
Lichtstärke 87, 131
Lichtstrom 88, 131, 150
Liter 114
lm 88
lm/m² 47, 131
Loschmidt-Konstante 104
Lot 92
Lumen 88, 131
Lux 47, 131
lx (Lux) 47, 131

M

M (Maxwell) 90
M (Mega) 39
m (Meter) 82
m (Milli) 39
μ (Mikro) 39
μ (Mikron) 82
l/m 83
m² 70
m³ 114
Mach 72
Mache-Einheit 45
magnetische Feldstärke 89, 150
magnetische Flußdichte 91, 149
magnetischer Fluß 90, 149
magnetischer Leitwert 77
magnetische Spannung 63
Masse 92, 142
Masse, flächenbezogene 94, 146
Masse, längenbezogene 95, 146
Masse, molare 106
Masse, stoffmengenbezogene 106
Massendurchfluß 96
Masseneinheit, atomare 28, 92
Massenstrom 96, 148
Maxwell 90
mbar 53, 129

M.E. 45
mechanische Spannung 101, 129
Mega 39
Megakubikmeter 42, 114
Meile 82
Meter 82
Meter durch Meter 50
Meter durch Sekunde 72
Meter durch Sekunde hoch zwei 48
Meter hoch zwei 70
Meter hoch drei 114
Meterkonvention 14
Meter, reziprokes 83
Meterquadrat 70, 146
Meter-Wassersäule, konventionelle 53, 129
metrisches Karat 92
Metrologie 50
μF 60
μg 92
MHz 71
Mikro 39
Mikrodehnung 50
Mikrogramm 92
Mikroliter 114
Mikrometer 39, 82
Mikromikron 82
Mikron 82
Mikrosekunde 125
Milli 39
Milligramm 92
Millimeter-Quecksilbersäule, konventionelle 53, 128
Millimikrometer 39, 82
Millimikron 82
Millisekunde 125
min (Minute) 125
l/min 52
Minute (Winkel) 121
Minute (Zeit) 125
Minute, reziproke 52
m³/kg 115
m-kp-s-System 18
MKS-System 17
μl 114
mm 82
mm² 70
mμ 82
μm 82
μμ 82
m/m 29, 50
mmHg 53

m N   41, 98
m_n^3, m_n^3 114
Mol   28, 97, 104
Mol durch Kubikmeter   97
mol   28, 97, 104
Molalität   97
molare Größen   105
molare Masse   106
Molarität   97, 107
Molekülmasse, relative   97
mol/m^3 97, 107
Molvolumen   97
Molwärme   97
Molzahl   97
Moment einer Kraft   98
Monat   125
Morgen   70
MPa   93
ms   41, 125
m s   41
µs   125
µs^{-1} 125
m/s   72
m/s^2 48
m^2/s   111, 113
m^3/s   116
mWS   53, 129
Mx   90

N
N   80
n   39
Nano   39
Nanometer   39, 82
nautischer Strich   121
Neugrad   121
Neuminute   121
Neusekunde   121
Newton   80
Newton durch Quadratmeter   53, 101
Newton-Gesetz   73, 80, 100
Newtonmeter   43, 66, 98, 117
Newtonsekunde   43
Nit   47, 86
N m   43, 66, 98, 117
nm   82
N/m^2 53, 101
Nm^3 114
N/mm^2 101
N m/s   85
Normkubikmeter   114

Nox   47
N s   43

O
Ω 64
Oe   89
Oersted   89
Ohm   64

P
p (Peta)   39
p (Piko)   39
p (Pond)   18, 80
p (Punkt)   82
Pa   53, 101
Pa s   112, 148
Pascal   53, 101
Pascalsekunde   112, 148
Periodendauer   71
Periodenfrequenz   71
Pferdestärke   85
Pfund   92
ph   47
Phot   47
physikalische Atmosphäre   53
Piko   39
Pikometer   82
pm   82
Poise   112
Pond   18, 80
Potentialdifferenz, elektrische   54, 135
pound   18, 132
pound force   132
pound weight   132
PS   85
Punkt, typographischer   82
p.-w. (pound weight, pound force)   132

Q
qkm   70
qm   70
Quadratgon   122
Quadratgrad   122
Quadratmeter   70, 146
Quadratmeter durch Sekunde   111, 113

R
R   78
Rad   67
rad   121
Radiant   121, 146

173

Radiant durch Sekunde 124, 146
Radiant durch Sekunde hoch zwei 123
rad/s 124
rad/s² 123
räumlicher Winkel 122, 146
Raummeter 114
Raumwinkel 122, 146
rd 67
rechter Winkel 121, 146
Reißkilometer 95
relative Molekülmasse 97
Rem 67
rem 67
reziproke Länge 83
reziprokes Meter 83
reziproke Minute 52
reziproke Sekunde 52, 81
Richtlinie des Rates der EG 22, 28, 154, 163
Röntgen 78

S

S 61
s 125
s^{-1} 52, 81
l/s 52, 81
satztechnische Längenangaben 82
sb 85
Schallstärke 29
Seemeile 72, 82
Sekunde (Winkel) 121
Sekunde (Zeit) 125
Sekunde, reziproke 52, 81
Siemens 61
Siriusweite 82
sm 82
Spannung, elektrische 62, 149
Spannung, magnetische 63
Spannung, mechanische 101, 148
Spannungsanalyse 50
spezifische Größen 103
spezifisches Volumen 115
spezifische Wärmekapazität 103
sq ft (square foot) 132
sq in (square inch) 132
sq yd (square yard) 18, 132
sr 122, 146
Steradiant 122, 146
Stilb 86
Stoffmenge 104
stoffmengenbezogene Größen 105
stoffmengenbezogene Masse 106

Stoffmengenkonzentration 107
Stokes 113
Strich, nautischer 121
Stromstärke, elektrische 63, 142
Stunde 125
Stundenkilometer 42, 72
Symbolsprache 31

T

T (Tera) 39
T (Tesla) 91
t 92
Tag 125
Tagestonne 96
technische Atmosphäre 53
Temperatur, absolute 108
Temperatur (thermodynamische) 108
Temperaturdifferenz 110
Temperaturleitfähigkeit 111
Tera 39
Tesla 91
Tex 95
tex 95
therm 132
thermodynamische Temperatur 108
Tonne 92
Torr 53
typographischer Punkt 82

U

u 28, 92, 142
Überdruck 53, 54, 55
Übergangsvorschriften 126
Umdrehungsfrequenz 52
Unterduck 54, 55

V

V 62, 149
VA 85
Var 85
var 85
Verkehr, amtlicher 26
Verkehr, geschäftlicher 26
Verschiebung 59
Viskosität, dynamische 112
Viskosität, kinematische 113
V/m 58, 149
Vollwinkel 121
Volt 62, 149
Volt durch Meter 58, 149
Voltampere 85

Voltsekunde 90, 149
Volumen 114, 146
Volumen, spezifisches 115
Volumendurchfluß 116, 147
Volumenstrom 116, 147
Vorsätze 39, 143
V s 90, 149

W

W 85, 148
Wärme 117, 130, 148
Wärmekapazität 118
Wärmekapazität, spezifische 103
Wärmeleitfähigkeit 41, 119
Wärmemenge 117
Wärmestrom 85, 130, 148
Wärmeübergangskoeffizient 120
Watt 85, 148
Watt durch Kelvinmeter 119
Watt durch Kelvin-Quadratmeter 120
Watt durch Kilogramm 68, 150
Wb 90
Weber 90
Widerstand, elektrischer 64, 149
Widerstandsmoment 98, 141
Winkel 121, 146
Winkel, ebener 121, 127, 146
Winkel, räumlicher 122, 146
Winkel, rechter 121, 146
Winkelbeschleunigung 123, 147
Winkelgeschwindigkeit 124, 147
Wirkungsquerschnitt 70
W/kg 68, 150
W/(K m) 119
W $K^{-1} m^{-1}$ 119
W/(K m^2) 120
W s 46

X

X.E. 82
X-Einheit 82

Y

yd (yard) 18, 132

Z

Zahlenwert 31
Zahlenwertgleichung 36, 76
Zeit 125, 142
Zeitpunkt 125
Zeitspanne 125
Zenti 39
Zentner 92
Zoll 82

Bücher für die Ingenieurausbildung und -praxis

Klaus Hohmann
Methodisches Konstruieren
1977. 150 Seiten. ISBN 3-7736-0159-X. Kartoniert (Girardet-Taschenbuch Band 29)

Inhalt: Über das Konstruieren. Analyse der Aufgabe. Lösungsfindung. Grundlösungen (Kraft- und Energieübertragung). Varianten der Lösungen. Kombinationen von Lösungen. Lösungsauswahl: Technische und wirtschaftliche Bewertung. Gesamtbewertung (s-Diagramm). Konstruktive Maßnahmen für technische und wirtschaftliche Anforderungen. Beispiele für das methodische Konstruieren. Skizziermethode

Georg Reitor / Klaus Hohmann
Grundlagen des Konstruierens
3. Auflage 1977. 372 Seiten mit über 400 Zeichnungen, zahlreichen Berechnungsbeispielen und Übungsaufgaben.
ISBN 3-7736-1298-2. Plastik

Inhalt: Festigkeitsrechnungen. Normzahlen, Passungen. – Nietverbindungen. Schweißverbindungen. Löt- und Klebverbindungen. – Preßpassungen. – Form- und reibschlüssige Verbindungen (Stifte, Keile usw.). Schraubenverbindungen. Federn. Rohrleitungen, Rohrschalter
Achsen und Wellen. Gleit- und Wälzlager. Kupplungen und Bremsen. – Schrifttum. Tafeln mit Berechnungswerten

Georg Reitor / Klaus Hohmann
Konstruieren von Getrieben
2., überarbeitete Auflage 1976. 326 Seiten mit über 300 Zeichnungen, zahlreichen Berechnungsbeispielen und Übungsaufgaben.
ISBN 3-7736-1293-1. Plastik

Inhalt: Systematik der Getriebe: Wesen und Vergleich der Getriebe, Kinematik und Dynamik der Getriebe, Wahl des Antriebsmotors. – Verzahnungsgeometrie und Kinematik
Zahnrädergetriebe und ihre Berechnung: Stirnräder-, Kegelräder-, Schraubenräder- und Schneckengetriebe. – Reibrädergetriebe. – Riemen- und Seiltriebe. – Kettentriebe. – Tafeln mit Berechnungswerten

Joachim Wolff
Kreatives Konstruieren
1976. 143 Seiten. ISBN 3-7736-0151-4. Kartoniert (Girardet-Taschenbuch Band 21)

Inhalt: Grundsätzliches über Problemlösung in der Technik. Anregungen durch die Verknüpfung der Problem- und Prinziporientierung. Prinzipien der Mechanik. Sonstige physikalische Prinzipien. Technische Prinzipien. Geometrische Prinzipien. Durch Element-Addition gekennzeichnete Anordnungen. Das Fließprinzip. Flußnetze. Weitere Ansätze für kreative Problemlösungen

 Verlag W. Girardet · Postfach 9 · 4300 Essen